辽宁省高水平特色专业群校企合作开发系列教材

环境监测

蒋绍妍　主编

中国林业出版社

内容简介

本教材共分6个项目：地表水和污水监测、土壤环境监测、危险废物鉴别、固定源废气监测、近岸海域环境监测和突发环境事件应急监测。内容编排上，在涵盖高职学生应具备知识、技能的同时，突出训练项目的代表性，使之纵向上逐步延伸知识深度，横向上将零散知识点归纳整合为各专项技能。每一项目均引用了相关的国家技术标准和行业技术规范，用以规范操作，以期对监测工作中的经常性问题予以解答，学为所用、学用相长。

本书可作为高等职业教育环境保护类专业教材，也可作为环境监测职工培训参考用书。

图书在版编目(CIP)数据

环境监测 / 蒋绍妍主编. –北京：中国林业出版社，2021.1
ISBN 978-7-5219-1036-0

Ⅰ. ①环… Ⅱ. ①蒋… Ⅲ. ①环境监测–高等职业教育–教材 Ⅳ. ①X83

中国版本图书馆 CIP 数据核字(2021)第 024582 号

中国林业出版社·教育分社

策划编辑：肖基浒　范立鹏　高兴荣　　责任编辑：丰　帆　　责任校对：苏　梅
电　　话：(010)83143555　83143558　　传　　真：(010)83143516

出版发行：中国林业出版社(100009　北京市西城区德内大街刘海胡同7号)
　　　　　E-mail：jiaocaipublic@163.com　电话：(010)83143500
　　　　　http://www.forestry.gov.cn/lycb.html
印　　刷：北京中科印刷有限公司
版　　次：2021年2月第1版
印　　次：2021年2月第1次印刷
开　　本：787mm×1092mm　1/16
印　　张：10.75
字　　数：262千字
定　　价：35.00元

未经许可，不得以任何方式复制或抄袭本书之部分或全部内容。
版权所有　侵权必究

《环境监测》编写人员

主　编
　　蒋绍妍

副主编（按姓氏拼音排序）
　　管　健　武　晶

编　者（按姓氏拼音排序）
　　段婷婷(辽宁生态工程职业学院)
　　管　健(辽宁生态工程职业学院)
　　蒋绍妍(辽宁生态工程职业学院)
　　武　晶(台州学院)
　　谢忠睿(辽宁生态工程职业学院)
　　徐　毅(辽宁生态工程职业学院)
　　于伟光(内蒙古凌志马铃薯科技股份有限公司)
　　赵秀艳(内蒙古凌志马铃薯科技股份有限公司)
　　郑　秀(辽宁生态工程职业学院)

前言

我国环境监测工作始于20世纪80年代。实践证明，环境保护事业的发展离不开环境监测的有力支撑。"十一五"以来，我国环境监测工作取得了显著成效，环境监测网络不断优化，监测技术水平不断提高，监测质量管理体系不断完善。随着我国环境监测站计量认证和实验室认可工作的有序开展，环境监测工作已从单一、简单的制定规章制度，逐步发展到全面、系统的管理体系建设，提供了大量准确、及时、可靠的监测数据，为推进生态文明建设、探索中国环保新路作出了积极的贡献。

环境监测是环境保护类专业的一门重要课程，为监测—评价—治理—修复产业链中不可或缺的环节，在环境保护类专业学生的知识结构中具有举足轻重的地位。通过对污染源、排放口及其直接影响区域进行监测、综合分析，了解和掌握排污特性，按照国家污染物排放标准强化环境监测，既是国家防治污染、保护环境的任务，也是企业适应优胜劣汰市场竞争机制的需要。2019年辽宁生态工程职业学院启动组织编写高职教育环境专业特色教材《环境监测》，并在内蒙古凌志马铃薯科技股份有限公司的协助下，得以完稿。该教材基于环境监测特点，以当前国家正式颁布的环境监测标准为基准，以体现有利于学习和使用为宗旨，以提高实际工作能力为目的，将技术要点作为主要内容，注重高职学生和监测人员基础理论、操作技能和应用实践等综合专业素质的培养与加强，是一本实用的高职教材和职业培训参考书。

本教材设置了6个项目：内容涉及水、土、固、气等，并以具代表性的地表水和污水监测、土壤环境监测、危险废物鉴别、固定源废气监测、近岸海域环境监测和突发环境事件应急监测共6个按环境要素划分的训练项目作为支撑，每一项目包括基本概念、监测方法、技术规范、质量标准等训练任务，力图使教学的深度、广度体现出层次性，使教学的内容与实际工作要求相挂钩，旨在贯彻实际、实用、实践、实训、实效的教学方针，不断深化高等职业教育的改革创新之路。

本教材由辽宁生态工程职业学院蒋绍妍担任主编，辽宁生态工程职业学院管健和台州学院武晶担任副主编。项目1和项目2由蒋绍妍、段婷婷和郑秀编写，项目3由蒋绍妍、武晶和郑秀编写，项目4由蒋绍妍、徐毅和段婷婷编写，项目5和项目6由蒋绍妍、管健和谢忠睿编写，武晶负责全文统稿、润饰，管健负责全文校稿、核对。本教材在编写过程中，得到了辽宁生态工程职业学院全体同仁的帮助和支持，内蒙古凌志马铃薯科技股份有限公司于伟光和赵秀艳等专家给予了审阅和修改，在此表示衷心的感谢。

前　言

　　我们真挚地希望，本教材的出版能够在环境监测人员实际工作中发挥作用，为提高监测人才队伍技术水平、提高环境监测服务能力贡献力量。同时，由于编写人员水平有限和经验不足，书中错误和不妥之处在所难免，我们真诚地期盼，关注中国环境监测事业发展的各界朋友对书中的不足之处提出宝贵意见，给予批评指正，编者谨致谢意。

编　者
2020 年 10 月 18 日

目 录

前 言

项目1　地表水和污水监测 ········ 1
　训练任务1　地表水监测的布点与采样 ········ 4
　训练任务2　污水监测的布点与采样 ········ 13
　训练任务3　监测项目与分析方法 ········ 17
　训练任务4　流域监测 ········ 24
　训练任务5　应急监测 ········ 26
　训练任务6　监测数据整理 ········ 29

项目2　土壤环境监测 ········ 43
　训练任务1　采样准备 ········ 45
　训练任务2　布点 ········ 47
　训练任务3　样品采集 ········ 48
　训练任务4　样品制备和保存 ········ 55
　训练任务5　土壤分析测定、记录与报告 ········ 58
　训练任务6　土壤环境质量评价 ········ 61

项目3　危险废物鉴别 ········ 64
　训练任务1　样品采集 ········ 66
　训练任务2　样品的检测及结果判断 ········ 69

项目4　固定源废气监测 ········ 71
　训练任务1　采样位置与采样点 ········ 73
　训练任务2　排气参数的测定 ········ 78
　训练任务3　颗粒物的测定 ········ 85
　训练任务4　气态污染物采样 ········ 88
　训练任务5　采样体积、频次和时间 ········ 92
　训练任务6　监测分析方法及结果表示 ········ 94

项目5　近岸海域环境监测 ········ 97
　训练任务1　监测方案 ········ 102
　训练任务2　数据记录、处理与报告 ········ 105
　训练任务3　水质监测 ········ 108
　训练任务4　沉积物质量监测 ········ 114
　训练任务5　海洋生物监测 ········ 119
　训练任务6　潮间带生态监测 ········ 122
　训练任务7　生物体污染物残留量监测 ········ 123
　训练任务8　环境功能区环境质量监测 ········ 125
　训练任务9　海滨浴场水质监测 ········ 127

  训练任务 10　陆域直排海污染源环境影响监测 ································ 129
  训练任务 11　大型海岸工程环境影响监测 ···································· 131
  训练任务 12　赤潮多发区环境监测 ··· 133
项目 6　突发环境事件应急监测 ·· 136
  训练任务 1　布点、采样与样品管理 ··· 138
  训练任务 2　监测分析与结果报告 ··· 143
参考文献 ·· 146
附录 A　土壤样品预处理方法 ·· 148
附录 B　固定源部分废气污染物监测分析方法 ·································· 154
附录 C　水文气象项目观测方法 ··· 156
附录 D　水质监测项目分析方法 ··· 157
附录 E　沉积物质量监测项目分析方法 ·· 161
附录 F　生物体污染物残留量监测项目分析方法 ································ 163
附录 G　海洋生物分析方法 ··· 164

项目 1 地表水和污水监测

【项目描述】

本项目主要训练地表水和污水监测的布点与采样、监测项目与相应的监测分析方法、流域监测、监测数据的整理、污水流量计量方法等内容；涉及污染物总量控制监测、应急监测的基本方法。

本项目适用于对江河、湖泊、水库和渠道的水质监测，包括断面（或垂线）的水质监测，以及污染源排放污水的监测。

本项目的编写引用以下标准和规范：

GB 6816—1986 水质 词汇 第一部分和第二部分

GB 11607—1989 渔业水质标准

HJ 495—2009 水质 采样方案设计技术规定

HJ 494—2009 水质 采样技术指导

HJ 493—2009 水质采样 样品的保存和管理技术规定

GB 5084—2005 农田灌溉水质标准

GB/T 14581—1993 水质 湖泊和水库采样技术指导

GB 50179—2015 河流流量测量规范

GB 15562.1—1995 环境保护图形标志 排放口（源）

GB 8978—1996 污水综合排放标准

GB 3838—2002 地表水环境质量标准

HJ 15—2019 超声波明渠污水流量计 技术要求及检测方法

卫生部 卫法监发〔2001〕161 号文 生活饮用水卫生规范

ISO 555-1：1973 明渠中液流的测量 稳流测量的稀释法 第一部分 恒流注射法

ISO 555-2：1987 明渠中液流的测量 稳流测量的稀释法 第二部分 积分法

ISO 555-3：1987 明渠中液流的测量 稳流测量的稀释法 第三部分 恒流积分法和放射示踪剂积分法

ISO 748：1979 明渠中液流的测量 速度面积法

ISO 1070：1973 明渠中液流的测量 斜速面积法

【学习目标】

知识目标

1. 熟练掌握地表水和污水监测的布点与采样方法;
2. 掌握污水监测项目与相应的监测分析方法;
3. 熟悉流域监测、污水流量计量方法;
4. 了解污染物总量控制监测、应急监测方法。

能力目标

1. 会根据实际情况进行样点布设与采样;
2. 能根据不同的污水监测项目制订相应的监测分析方法;
3. 会计算污水流量计量、污染物总量。

素质目标

1. 培养时间观念、责任意识,具备关键时刻能打硬仗的工作作风;
2. 通过分组完成设计任务,培养科学分工合作、优势互补的团队合作能力。

【基本概念】

潮汐河流

受潮汐影响的入海河流。

水质监测

为了掌握水环境质量状况和水系中污染物的动态变化,对水的各种特性指标取样、测定,并进行记录或发出信号的程序化过程。

流域

江河湖库及其汇水来源各支流、干流和集水区域总称。

流域监测

全流域水质及向流域中排污的污染源监测。

水污染事故

一般指污染物排入水体,给工、农业生产和人们的生活以及环境带来紧急危害的事故。

瞬时水样

从水中不连续地随机(就时间和断面而言)采集的单一样品,一般在一定的时间和地点随机采取。

混合水样

(1)等比例混合水样

在某一时段内,在同一采样点位所采水样量随时间或流量成比例的混合水样。

(2)等时混合水样

在某一时段内,在同一采样点位(断面)按等时间间隔所采等体积水样的混合水样。

采样断面

在河流采样时,实施水样采集的整个剖面。分背景断面、对照断面、控制断面和削减断面等。

(1) 背景断面

为评价某一完整水系的污染程度，未受人类生活和生产活动影响，能够提供水环境背景值的断面。

(2) 对照断面

具体判断某一区域水环境污染程度时，位于该区域所有污染源上游处，能够提供这一区域水环境本底值的断面。

(3) 控制断面

为了解水环境受污染程度及其变化情况的断面。

(4) 削减断面

工业废水或生活污水在水体内流经一定距离而达到最大程度混合，污染物受到稀释、降解，其主要污染物浓度有明显降低的断面。

入海口

河流注入海洋的河段。

入河排污口

向江河、湖泊、水库和渠道排放污水的直接排污口，包括支流、污染源和市政直接排污口。

自动采样

通过仪器设备按预先编定的程序自动连续或间歇式采集水样的过程。

比例采样器

一种特殊的自动水质采样器，它所采集的水样量可随时间或流量成一定比例，即能用任一时段所采混合水样来反映该时段的平均浓度的水质采样器。

油类

矿物油和动植物油脂，即在 $pH \leqslant 2$ 能够用规定的萃取剂萃取并测量的物质。

排污总量

某一时段内从排污口排出的某种污染物的总量，是该时段内污水的总排放量与该污染物平均浓度的乘积、瞬时污染物浓度的时间积分值或排污系数统计值。

训练任务 1　地表水监测的布点与采样

1.1　地表水监测断面的布设

1.1.1　监测断面的布设原则

监测断面在总体和宏观上须能反映水系或所在区域的水环境质量状况。各断面的具体位置须能反映所在区域环境的污染特征；尽可能以最少的断面获取足够的有代表性的环境信息；同时还须考虑实际采样时的可行性和方便性。

(1)对流域或水系要设立背景断面、控制断面(若干)和入海口断面。对行政区域可设背景断面(对水系源头)或入境断面(对过境河流)或对照断面、控制断面(若干)和入海河口断面或出境断面。在各控制断面下游，如果河段有足够长度(至少 10 km)，还应设削减断面。

(2)根据水体功能区设置控制监测断面，同一水体功能区至少要设置 1 个监测断面。

(3)断面位置应避开死水区、回水区、排污口处，尽量选择顺直河段、河床稳定、水流平稳、水面宽阔、无急流、无浅滩处。

(4)监测断面力求与水文测流断面一致，以便利用其水文参数，实现水质监测与水量监测的结合。

(5)监测断面的布设应考虑社会经济发展，监测工作的实际状况和需要，要具有相对的长远性。

(6)流域同步监测中，根据流域规划和污染源限期达标目标确定监测断面。

(7)河道局部整治中，监视整治效果的监测断面，由所在地区环境保护行政主管部门确定。

(8)入海河口断面要设置在能反映入海河水水质并邻近入海的位置。

1.1.2　监测断面的设置数量

监测断面的设置数量，应根据掌握水环境质量状况的实际需要，在对污染物时空分布和变化规律的了解、优化的基础上，以最少的断面、垂线和测点取得代表性最好的监测数据。

1.1.3　监测断面的设置方法

(1)背景断面。须能反映水系未受污染时的背景值。要求：基本上不受人类活动的影响，远离城市居民区、工业区、农药化肥施放区及主要交通路线。原则上应设在水系源头处或未受污染的上游河段，如选定断面处于地球化学异常区，则要在异常区的上、下游分别设置。如有较严重的水土流失情况，则设在水土流失区的上游。

(2)入境断面。用来反映水系进入某行政区域时的水质状况，应设置在水系进入本区域且尚未受到本区域污染源影响处。

(3)控制断面。用来反映某排污区(口)排放的污水对水质的影响。应设置在排污区(口)的下游，污水与河水基本混匀处。

控制断面的数量、控制断面与排污区(口)的距离可根据以下因素决定：主要污染区的数量及其间的距离、各污染源的实际情况、主要污染物的迁移转化规律和其他水文特征等。此外，还应考虑对纳污量的控制程度，即由各控制断面所控制的纳污量不应小于该河段总纳污量的80%。如某河段的各控制断面均有5年以上的监测资料，可用这些资料进行优化，用优化结论来确定控制断面的位置和数量。

(4)出境断面。用来反映水系进入下一行政区域前的水质。因此应设置在本区域最后的污水排放口下游，污水与河水已基本混匀并尽可能靠近水系出境处。如在此行政区域内，河流有足够长度，则应设削减断面。削减断面主要反映河流对污染物的稀释净化情况，应设置在控制断面下游，主要污染物浓度有显著下降处。

(5)省(自治区、直辖市)交界断面。省(自治区、直辖市)内主要河流的干流、二级支流的交界断面，这是环境保护管理的重点断面。

(6)其他各类监测断面

①水系的较大支流汇入前的河口处，以及湖泊、水库、主要河流的出、入口应设置监测断面。

②国际河流出、入国境的交界处应设置出境断面和入境断面。

③国务院环境保护行政主管部门统一设置省(自治区、直辖市)交界断面。

④对流程较长的重要河流，为了解水质、水量变化情况，经适当距离后应设置监测断面。

⑤水网地区流向不定的河流，应根据常年主导流向设置监测断面。

⑥对水网地区应视实际情况设置若干控制断面，其控制的径流量之和应不少于总径流量的80%。

⑦有水工建筑物并受人工控制的河段，视情况分别在闸(坝、堰)上、下设置断面。如水质无明显差别，可只在闸(坝、堰)上设置监测断面。

要使各监测断面能反映一个水系或一个行政区域的水环境质量。断面的确定应在详细收集有关资料和监测数据基础上，进行优化处理，将优化结果与布点原则和实际情况结合起来，作出决定。

对于季节性河流和人工控制河流，由于实际情况差异很大，这些河流监测断面的确定，以及采样的频次与监测项目、监测数据的使用等，由各省(自治区、直辖市)环境保护行政主管部门自定。

(7)潮汐河流监测断面的布设

①潮汐河流监测断面的布设原则与其他河流相同，设有防潮桥闸的潮汐河流，根据需要在桥闸的上、下游分别设置断面。

②根据潮汐河流的水文特征，潮汐河流的对照断面一般设在潮区界以上。若感潮河段潮区界在该城市管辖的区域之外，则在城市河段的上游设置一个对照断面。

③潮汐河流的削减断面，一般应设在近入海口处。若入海口处于城市管辖区域外，则设在城市河段的下游。

④潮汐河流的断面位置，尽可能与水文断面一致或靠近，以便取得有关的水文数据。

(8)湖泊、水库监测垂线的布设

①湖泊、水库通常只设监测垂线，如有特殊情况可参照河流的有关规定设置监测断面。

②湖(库)区的不同水域，如进水区、出水区、深水区、浅水区、湖心区、岸边区，按

水体类别设置监测垂线。

③湖(库)区若无明显功能区别,可用网格法均匀设置监测垂线。

④监测垂线上采样点的布设一般与河流的规定相同,但对有可能出现温度分层现象时,应作水温、溶解氧的探索性试验后再定。

⑤受污染物影响较大的重要湖泊、水库,应在污染物主要输送路线上设置控制断面。

选定的监测断面和垂线均应经环境保护行政主管部门审查确认,并在地图上标明准确位置,在岸边设置固定标志。同时,用文字说明断面周围环境的详细情况,并配以照片。这些图文资料均存入断面档案。断面一经确认即不准任意变动。确需变动时,需经环境保护行政主管部门同意,重作优化处理与审查确认。

1.1.4 采样点位的确定

在一个监测断面上设置的采样垂线数与各垂线上的采样点数应符合表1-1和表1-2,湖(库)监测垂线上的采样点的布设应符合表1-3。

表1-1 采样垂线数的设置

水面宽	垂线数	说　明
≤50m	一条 (中泓)	1. 垂线布设应避开污染带,要测污染带应另加垂线 2. 确能证明该断面水质均匀时,可仅设中泓垂线 3. 凡在该断面要计算污染物通量,必须按本表设置垂线
50~100 m	二条 (近左、右岸有明显水流处)	
>100m	三条(左、中、右)	

表1-2 采样垂线上的采样点数的设置

水深	说明
≤5 m	1. 上层指水面下0.5 m处,水深不到0.5 m时在水深1/2处
5~10 m	2. 下层指河底以上0.5 m处
	3. 中层指1/2水深处
>10 m	4. 封冻时在冰下0.5 m处采样,水深不到0.5 m处时在水深1/2处采样
	5. 凡在该断面计算污染物通量,必须按本表设置采样点

表1-3 湖(库)监测垂线采样点的设置

水深	分层情况	采样点数	说　明
≤5 m	—	一点 (水面下0.5 m处)	1. 分层是指湖水温度分层状况 2. 水深不足1m时,在1/2水深处设置测点 3. 有充分数据证实垂线水质均匀时,可酌情减少测点
5~10 m	不分层	二点 (水面下0.5 m,水底上0.5 m处)	
5~10 m	分层	三点 (水面下0.5 m,1/2斜温层,水底上0.5 m处)	
>10 m	—	除水面下0.5 m,水底上0.5 m处外,按每一斜温分层1/2处设置	

1.2 地表水水质监测的采样

1.2.1 确定采样频次的原则

依据不同的水体功能、水文要素和污染源、污染物排放等实际情况,力求以最低的采样频次,取得最有时间代表性的样品,既要满足能反映水质状况的要求,又要切实可行。

1.2.2 采样频次与采样时间

(1)饮用水源地、省(自治区、直辖市)交界断面中需要重点控制的监测断面每月至少采样一次。

(2)国控水系、河流、湖、库上的监测断面,逢单月采样1次,全年6次。

(3)水系的背景断面每年采样1次。

(4)受潮汐影响的监测断面的采样,分别在大潮期和小潮期进行。每次采集涨、退潮水样分别测定。涨潮水样应在断面处水面涨平时采样,退潮水样应在水面退平时采样。

(5)如某必测项目连续3年均未检出,且在断面附近确定无新增排放源,而现有污染源排污量未增的情况下,每年可采样一次进行测定,一旦检出,或在断面附近有新的排放源或现有污染源有新增排污量时,即恢复正常采样。

(6)国控监测断面(或垂线)每月采样1次,在每月5~10日进行采样。

(7)遇有特殊自然情况,或发生污染事故时,要随时增加采样频次。

(8)为配合局部水流域的河道整治,及时反映整治的效果,应在一定时期内增加采样频次,具体由整治工程所在地方环境保护行政主管部门制定。

1.2.3 水样采集

1.2.3.1 采样前的准备

(1)确定采样负责人

主要负责制订采样计划并组织实施。

(2)制订采样计划

采样负责人在制订计划前要充分了解该项监测任务的目的和要求;应对要采样的监测断面周围情况了解清楚;熟悉采样方法、水样容器的洗涤、样品的保存技术。在有现场测定项目和任务时,还应了解有关现场测定技术。

采样计划应包括:确定的采样垂线和采样点位、测定项目和数量、采样质量保证措施、采样时间和路线、采样人员和分工、采样器材和交通工具以及需要进行的现场测定项目和安全保证等。

(3)采样器材与现场测定仪器的准备

采样器材主要是采样器和水样容器。关于水样保存及容器洗涤方法见表1-4所列。表1-4所列洗涤方法,系指对已用容器的一般洗涤方法。如新启用容器,则应事先作更充分的清洗,容器应做到定点、定项。

采样器的材质和结构应符合《水质采样器技术要求》中的规定。

表 1-4 水样保存和容器的洗涤

项目	采样容器	保存剂及用量	保存期	采样量/mL[①]	容器洗涤
浊度*	G.P.		12 h	250	I
色度*	G.P.		12 h	250	I
pH*	G.P.		12 h	250	I
电导*	G.P.		12 h	250	I
悬浮物**	G.R		14 d	500	I
碱度**	G.P.		12 h	500	I
酸度**	G.R		30 d	500	I
COD	G	加 H_2SO_4，pH≤2	2 d	500	I
高锰酸盐指数**	G		2 d	500	I
DO*	溶解氧瓶	加入硫酸锰，碱性 KI 叠氮化钠溶液，现场固定	24 h	250	I
BOD_5**	溶解氧瓶		12 h	250	I
TOC	G	加 H_2SO_4，pH≤2	7 d	250	I
F^-**	P		14 d	250	I
Cl^-**	G.P.		30 d	250	I
Br^-**	G.P.		14 h	250	I
I^-	G.P.	NaOH，pH=12	14 h	250	I
SO_4^{2-}**	G.R		30 d	250	I
PO_4^{3-}	G.P.	NaOH，H_2SO_4 调 pH=7，$CHCl_3$ 0.5%	7 d	250	IV
总磷	G.P.	HCl，H_2SO_4，pH≤2	24 h	250	IV
氨氮	G.P.	H_2SO_4，pH≤2	24 h	250	I
NO_2^--N**	G.P.		24 h	250	I
NO_3^--N**	G.P.		24 h	250	I
总氮	G.P.	H_2SO_4，pH≤2	7 d	250	I
硫化物	G.P.	1 L 水样加 NaOH 至 pH=9，加入 5% 抗坏血酸 5 mL，饱和 EDTA 3 mL，滴加饱和 Zn(AC)$_2$ 至胶体产生，常温避光	24 h	250	I
总氰	G.P.	NaOH，pH≥9	12 h	250	I
Be	G.P.	HNO_3，1 L 水样中加浓 HNO_3 10 mL	14 d	250	III
B	P	HNO_3，1 L 水样中加浓 HNO_3 10 mL	14 d	250	I
Na	P	HNO_3，1 L 水样中加浓 HNO_3 10 mL	14 d	250	II
Mg	G.P.	HNO_3，1 L 水样中加浓 HNO_3 10 mL	14 d	250	II
K	P	HNO_3，1 L 水样中加浓 HNO_3 10 mL	14 d	250	II
Ca	G.P.	HNO_3，1 L 水样中加浓 HNO_3 10 mL	14 d	250	II

项目1 地表水和污水监测

(续)

项目	采样容器	保存剂及用量	保存期	采样量/mL①	容器洗涤
Cr(VI)	G.P.	NaOH, pH=8~9	14 d	250	III
Mn	G.P.	HNO₃, 1 L 水样中加浓 HNO₃ 10 mL	14 d	250	III
Fe	G.P.	HNO₃, 1 L 水样中加浓 HNO₃ 10 mL	14 d	250	III
Ni	G.P.	HNO₃, 1 L 水样中加浓 HNO₃ 10 mL	14 d	250	III
Cu	P	HNO₃, 1 L 水样中加浓 HNO₃ 10 mL②	14 d	250	III
Zn	P	HNO₃, 1 L 水样中加浓 HNO₃ 10 mL②	14 d	250	III
As	G.P.	HNO₃, 1 L 水样中加浓 HNO₃ 10 mL, DDTC 法, HCl 2 mL	14 d	250	I
Se	G.P.	HCl, 1 L 水样中加浓 HCl 12 mL	14 d	250	III
Ag	G.P.	HNO₃, 1 L 水样中加浓 HNO₃ 2 mL	14 d	250	III
Cd	G.P.	HNO₃, 1 L 水样中加浓 HNO₃ 10 mL②	14 d	250	III
Sb	G.P.	HCl, 0.2%(氢化物法)	14 d	250	III
Hg	G.P.	HCl, 1%如水样为中性, 1 L 水样中加浓 HCl 10 mL	14 d	250	III
Pb	G.P.	HNO₃, 1%如水样为中性, 1 L 水样中加浓 HNO₃ 10 mL②	14 d	250	III
油类	G	加入 HCl 至 pH≤2	7 d	250	II
农药类**	G	加入抗坏血酸 0.01~0.02 g 除去残余氯	24 h	1000	I
除草剂类**	G	(同上)	24 h	1000	I
邻苯二甲酸酯类**	G	(同上)	24 h	1000	I
挥发性有机物**	G	用 1+10HCl 调至 pH=2, 加入 0.01~0.02 抗坏血酸除去残余氯	12 h	1000	I
甲醛**	G	加入 0.2~0.5 g/L 硫代硫酸钠除去残余氯	24 h	250	I
酚类**	G	用 H₃PO₄ 调至 pH=2, 用 0.01~0.02 g 抗坏血酸除去残余氯	24 h	1000	I
阴离子表面活性剂	G.P.		24 h	250	IV
微生物**	G	加入硫代硫酸钠至 0.2~0.5 g/L 除去残余物, 4℃保存	12 h	250	I
生物**	G.P.	不能现场测定时用甲醛固定	12 h	250	I

注: (1) *表示应尽量作现场测定; **低温(0~4℃)避光保存。
(2) G 为硬质玻璃瓶; P 为聚乙烯瓶(桶)。
(3) ①为单项样品的最少采样量; ②如用溶出伏安法测定, 可改用 1 L 水样中加 19 mL 浓 HClO₄。
(4) I、II、III、IV 表示 4 种洗涤方法, 如下:
 I: 洗涤剂洗一次, 自来水洗三次, 蒸馏水洗一次;
 II: 洗涤剂洗一次, 自来水洗二次, 1+3 HNO₃ 荡洗一次, 自来水洗三次, 蒸馏水洗一次;
 III: 洗涤剂洗一次, 自来水洗二次, 1+3 HNO₃ 荡洗一次, 自来水洗三次, 去离子水洗一次;
 IV: 铬酸洗液洗一次, 自来水洗三次, 蒸馏水洗一次。
(5) 经 160℃干热灭菌 2 h 的微生物、生物采样容器, 必须在两周内使用, 否则应重新灭菌; 经 121℃高压蒸汽灭菌 15 min 的采样容器, 如不立即使用, 应于 60℃将瓶内冷凝水烘干, 两周内使用。细菌检测项目采样时不能用水样冲洗采样容器, 不能采混合水样, 应单独采样后 2 h 内送实验室分析。

1.2.3.2 采样方法

(1) 采样器

①聚乙烯塑料桶。

②单层采水瓶。

③直立式采水器。

④自动采样器。

(2) 采样数量

在地表水质监测中通常采集瞬时水样。所需水样量见表1-4。此采样量已考虑重复分析和质量控制的需要,并留有余地。

(3) 在水样采入或装入容器中后,应立即按表1-4的要求加入保存剂。

(4) 油类采样

采样前先破坏可能存在的油膜,用直立式采水器把玻璃材质容器安装在采水器的支架中,将其放到300 mm深度,边采水边向上提升,在到达水面时剩余适当空间。

(5) 注意事项

①采样时不可搅动水底的沉积物。

②采样时应保证采样点的位置准确。必要时使用定位仪(GPS)定位。

③认真填写"水质采样记录表",用签字笔或硬质铅笔在现场记录,字迹应端正、清晰,项目完整。

④保证采样按时、准确、安全。

⑤采样结束前,应核对采样计划、记录与水样,如有错误或遗漏,应立即补采或重采。

⑥如采样现场水体很不均匀,无法采到有代表性的样品,则应详细记录不均匀的情况和实际采样情况,供使用该数据者参考。并将此现场情况向环境保护行政主管部门反映。

⑦测定油类的水样,应在水面至300 m采集柱状水样,并单独采样,全部用于测定。并且采样瓶(容器)不能用采集的水样冲洗。

⑧测溶解氧、生化需氧量和有机污染物等项目时,水样必须注满容器,上部不留空间,并有水封口。

⑨如果水样中含沉降性固体(如泥沙等),则应分离除去。分离方法为将所采水样摇匀后倒入筒形玻璃容器(如1~2 L量筒),静置30 min,将不含沉降性固体但含有悬浮性固体的水样移入盛样容器并加入保存剂。测定水温、pH、DO、电导率、总悬浮物和油类的水样除外。

⑩测定湖库水的COD、高锰酸盐指数、叶绿素a、总氮、总磷时,水样静置30 min后,用吸管一次或几次移取水样,吸管进水尖嘴应插至水样表层50 mm以下位置,再加保存剂保存。

⑪测定油类、BOD_5、DO、硫化物、余氯、粪大肠菌群、悬浮物、放射性等项目要单独采样。

1.2.3.3 水质采样记录表

"水质采样记录表"中包括采样现场描述与现场测定项目两部分内容,均应认真填写。

(1) 水温

用经检定的温度计直接插入采样点测量。深水温度用电阻温度计或颠倒温度计测量。温度计应在测点放置 5~7 min，待测得的水温恒定不变后读数。

(2) pH 值

用测量精度为 0.1 的 pH 计测定。测定前应清洗和校正仪器。

(3) DO

用膜电极法(注意防止膜上附着微小气泡测定)。

(4) 透明度

用塞氏盘法测定。

(5) 电导率

用电导率仪测定。

(6) 氧化还原电位

用铂电极和甘汞电极以 mV 计或 pH 计测定。

(7) 浊度

用目视比色法或浊度仪测定。

(8) 水样感官指标的描述

颜色：用相同的比色管，分取等体积的水样和蒸馏水作比较，进行定性描述。

水的气味(嗅)、水面有无油膜等均应作现场记录。

(9) 水文参数

水文测量应按 GB 50179—2015《河流流量测验规范》进行。潮汐河流各点位采样时，还应同时记录潮位。

(10) 气象参数

气象参数包括气温、气压、风向、风速和相对湿度等。

1.2.3.4 水样的保存及运输

凡能做现场测定的项目，均应在现场测定。

水样运输前应将容器的外(内)盖盖紧。装箱时应用泡沫塑料等分隔，以防破损。箱子上应有"切勿倒置"等明显标志。同一采样点的样品瓶应尽量装在同一个箱子中；如分装在几个箱子内，则各箱内均应有同样的采样记录表。运输前应检查所采水样是否已全部装箱。运输时应有专门押运人员。水样交化验室时，应有交接手续。

1.2.4 水质采样的质量保证

(1) 采样人员必须通过岗前培训，切实掌握采样技术，熟知水样固定、保存、运输条件。

(2) 采样断面应有明显的标志物，采样人员不得擅自改动采样位置。

(3) 用船只采样时，采样船应位于下游方向，逆流采样，避免搅动底部沉积物造成水样污染。采样人员应在船前部采样，尽量使采样器远离船体。在同一采样点上分层采样时，应自上而下进行，避免不同层次水体混扰。

(4) 采样时，除细菌总数、大肠菌群、油类、DO、BOD_5、有机物、余氯等有特殊要求的项目外，要先用采样水荡洗采样器与水样容器 2~3 次，然后再将水样采入容器中，并按要求立即加入相应的固定剂，贴好标签。应使用正规的不干胶标签。

(5) 每批水样，应选择部分项目加采现场空白样，与样品一起送实验室分析。

(6) 每次分析结束后，除必要的留存样品外，样品瓶应及时清洗。水环境例行监测水样容器和污染源监测水样容器应分架存放，不得混用。各类采样容器应按测定项目与采样点位，分类编号，固定专用。

1.3 底质的监测点位和采样

底质样品的监测主要用于了解水体中易沉降、难降解污染物的累积情况。

1.3.1 底质样品的采集

1.3.1.1 采样点

(1) 底质采样点位通常为水质采样垂线的正下方。当正下方无法采样时，可略作移动，移动的情况应在采样记录表上详细注明。

(2) 底质采样点应避开河床冲刷、底质沉积不稳定及水草茂盛、表层底质易受搅动之处。

(3) 湖(库)底质采样点一般应设在主要河流及污染源排放口与湖(库)水混合均匀处。

1.3.1.2 采样量及容器

底质采样量通常为 1~2 kg，一次的采样量不够时，可在周围采集几次，并将样品混匀。样品中的砾石、贝壳、动植物残体等杂物应予剔除。在较深水域一般常用掘式采泥器采样。在浅水区或干涸河段用塑料勺或金属铲等即可采样。样品在尽量沥干水分后，用塑料袋包装或用玻璃瓶盛装；供测定有机物的样品，用金属器具采样，置于棕色磨口玻璃瓶中。瓶口保持干净，以保证磨口塞能塞紧。

1.3.2 底质采样质量保证

(1) 底质采样点应尽量与水质采样点一致。

(2) 水浅时，因船体或采泥器冲击搅动底质，或河床为砂卵石时，应另选采样点重采。采样点不能偏移原设置的断面(点)太远。采样后应对偏移位置作好记录。

(3) 采样时底质一般应装满抓斗。采样器向上提升时，如发现样品流失过多，必须重采。

1.3.3 采样记录及样品交接

样品采集后要及时将样品编号，贴上标签，并将底质的外观性状，如泥质状态、颜色、嗅味、生物现象等情况填入采样记录表。

采集的样品和采样记录表运回后一并交实验室，并办理交接手续。

训练任务 2 污水监测的布点与采样

2.1 污染源污水监测点位的布设

2.1.1 布设原则

(1)第一类污染物采样点位一律设在车间或车间处理设施的排放口或专门处理此类污染物设施的排口。

(2)第二类污染物采样点位一律设在排污单位的外排口。

(3)进入集中式污水处理厂和进入城市污水管网的污水采样点位应根据地方环境保护行政主管部门的要求确定。

(4)污水处理设施效率监测采样点的布设

对整体污水处理设施效率监测时,在各种进入污水处理设施污水的入口和污水设施的总排口设置采样点。

对各污水处理单元效率监测时,在各种进入处理设施单元污水的入口和设施单元的排口设置采样点。

2.1.2 采样点位的登记

必须在全面掌握与污染源污水排放有关的工艺流程、污水类型、排放规律、污水管网走向等情况的基础上确定采样点位。排污单位需向地方环境监测站提供废水监测基本信息登记表(表 1-5)。由地方环境监测站核实后确定采样点位。

表 1-5 废水监测基本信息登记表

污染源名称:		行业类型:	
联系地址:		主要产品:	
(1)总用水量/(m^3/a):	新鲜水量/(m^3/a):		回用水量/(m^3/a):
其中:生产用水/(m^3/a):	生活用水/(m^3/a):		
水平衡图(另附图)			
(2)主要原辅材料			
生产工艺:			
排污情况:			
(3)厂区平面布置图及排水管网布置图(另附图)			
(4)废水处理设施情况			
设计处理量/(m^3/a):	实际处理量/(m^3/a):		年运行小时数/(h/a):
废水处理基本工艺方框图(另附图)			
废水性质:		排放规律:	
排放去向:			

(续)

废水处理设施处理效果			
污染因子	原始废水/(mg/L)	处理后出水/(mg/L)	去除率/%
备注			

2.1.3 采样点位的管理

(1)采样点位应设置明显标志。采样点位一经确定,不得随意改动。应执行 GB 15562.1—1995 标准。

(2)经设置的采样点应建立采样点管理档案,内容包括采样点性质、名称、位置和编号,采样点测流装置,排污规律和排污去向,采样频次及污染因子等。

(3)采样点位的日常管理

经确认的采样点是法定排污监测点,如因生产工艺或其他原因需变更,应由当地环境保护行政主管部门和环境监测站重新确认。排污单位必须经常进行排污口的清障、疏通工作。

2.2 污染源污水监测的采样

2.2.1 采样频次

(1)监督性监测

地方环境监测站对污染源的监督性监测每年不少于1次,如被国家或地方环境保护行政主管部门列为年度监测的重点排污单位,应增加到每年2~4次。因管理或执法的需要所进行的抽查性监测或对企业的加密监测由各级环境保护行政主管部门确定。

(2)企业自我监测

工业废水按生产周期和生产特点确定监测频率。一般每个生产日至少3次。

(3)对于污染治理、环境科研、污染源调查和评价等工作中的污水监测,其采样频次可以根据工作方案的要求另行确定。

(4)排污单位为了确认自行监测的采样频次,应在正常生产条件下的一个生产周期内进行加密监测:周期在8 h以内的,每小时采1次样;周期大于8 h的,每2 h采1次样,但每个生产周期采样次数不少于3次。采样的同时测定流量。根据加密监测结果,绘制污水污染物排放曲线(浓度—时间,流量—时间,总量—时间),并与所掌握资料对照,如基本一致,即可据此确定企业自行监测的采样频次。

根据管理需要进行污染源调查性监测时,也按此频次采样。

(5)排污单位如有污水处理设施并能正常运转使污水能稳定排放,则污染物排放曲线比较平稳,监督监测可以采瞬时样;对于排放曲线有明显变化的不稳定排放污水,要根据曲线情况分时间单元采样,再组成混合样品。正常情况下,混合样品的单元采样不得少于两次。如排放污水的流量、浓度甚至组分都有明显变化,则在各单元采样时的采样量应与当时的污水流量成比例,以使混合样品更有代表性。

2.2.2 污水采样方法

(1)污水的监测项目按照行业类型有不同要求(表1-6)。在分时间单元采集样品时,测定 pH、COD、BOD_5、DO、硫化物、油类、有机物、余氯、粪大肠菌群、悬浮物、放射性等项目的样品，不能混合，只能单独采样。

（2）对不同的监测项目应选用的容器材质、加入的保存剂及其用量与保存期、应采集的水样体积和容器的洗涤方法等见表1-4所列。

（3）自动采样。自动采样用自动采样器进行，有时间比例采样和流量比例采样。当污水排放量较稳定时可采用时间比例采样，否则必须采用流量比例采样。

所用的自动采样器必须符合中华人民共和国生态环境部颁布的污水采样器技术要求。

（4）实际的采样位置应在采样断面的中心。当水深大于 1 m 时，应在表层下 1/4 深度处采样；水深小于或等于 1 m 时，在水深的 1/2 处采样。

（5）注意事项

① 用样品容器直接采样时，必须用水样冲洗 3 次后再行采样。但当水面有浮油时，采油的容器不能冲洗。

② 采样时应注意除去水面的杂物、垃圾等漂浮物。

③ 用于测定悬浮物、BOD_5、硫化物、油类、余氯的水样，必须单独定容采样，全部用于测定。

④ 在选用特殊的专用采样器(如油类采样器)时，应按照该采样器的使用方法采样。

⑤ 采样时应认真填写"污水采样记录表"，表中应有以下内容：污染源名称、监测目的、监测项目、采样点位、采样时间、样品编号、污水性质、污水流量、采样人姓名及其他有关事项等。具体格式可由各省份制定。

⑥ 凡需现场监测的项目，应进行现场监测。其他注意事项可参见地表水质监测的采样部分。

2.2.3　污水样品的保存、运输和记录

污水样品的组成往往相当复杂，其稳定性通常比地表水样更差，应设法尽快测定。保存和运输方面的具体要求参照地表水样的有关规定和表1-4执行。

采样后要在每个样品瓶上贴一标签，标明点位编号、采样日期和时间、测定项目和保存方法等。

2.3　排污总量监测

2.3.1　流量测量

2.3.1.1　流量测量原则

（1）污染源的污水排放渠道，在已知其"流量—时间"排放曲线波动较小，用瞬时流量代表平均流量所引起的误差可以允许时（小于 10%），则在某一时段内的任意时间测得的瞬时流量乘以该时段的时间即为该时段的流量。

（2）如排放污水的"流量—时间"排放曲线虽有明显波动，但其波动有固定的规律，可以用该时段中几个等时间间隔的瞬时流量来计算出平均流量，定时进行瞬时流量测定，在计算出平均流量后再乘以时间得到流量。

（3）如排放污水的"流量—时间"排放曲线，既有明显波动又无规律可循，则必须连续测定流量，流量对时间的积分即为总流量。

2.3.1.2 流量测量方法

(1) 污水流量计法

污水流量计的性能指标必须满足污水流量计技术要求。

(2) 其他测流量方法

①容积法　将污水纳入已知容量的容器中，测定其充满容器所需要的时间，从而计算污水量的方法。本法简单易行，测量精度较高，适用于计量污水量较小的连续或间歇排放的污水。对于流量小的排放口用此方法。但溢流口与受纳水体应有适当落差或能用导水管形成落差。

②流速仪法　通过测量排污渠道的过水截面积，以流速仪测量污水流速，计算污水量。适当地选用流速仪，可用于很宽范围的流量测量。本方法多数用于渠道较宽的污水量测量。测量时需要根据渠道深度和宽度确定点位垂直测点数和水平测点数。本方法简单，但易受污水水质影响，难用于污水量的连续测定。排污截面底部需硬质平滑，截面形状为规则几何形，排污口处需有 3~5 m 的平直过流水段，且水位高度不小于 0.1 m。

③量水槽法　在明渠或涵管内安装量水槽，测量其上游水位可以计量污水量。常用的有巴氏槽。用量水槽测量流量与溢流堰法相比，同样可以获得较高的精度(±2%~±5%)和进行连续自动测量。其优点为：水头损失小、壅水高度小、底部冲刷力大，不易沉积杂物。但造价较高，施工要求也较高。

④溢流堰法　此法是在固定形状的渠道上安装特定形状的开口堰板，过堰水头与流量有固定关系，据此测量污水流量。根据污水量大小可选择三角堰、矩形堰、梯形堰等。溢流堰法精度较高，在安装液位计后可实行连续自动测量。为进行连续自动测量液位，已有的传感器有浮子式、电容式、超声波式和压力式等。

利用堰板测流，由于堰板的安装会造成一定的水头损失。另外，固体沉积物在堰前堆积或藻类等物质在堰板上黏附均会影响测量精度。

在排放口处修建的明渠式测流段要符合流量堰(槽)的技术要求。

以上方法均可选用，但在选定方法时，应注意各自的测量范围和所需条件。

在以上方法无法使用时，可用统计法。

如污水为管道排放，所使用的电磁式或其他类型的流量计应定期进行计量检定。

2.3.2 平均浓度的确定

(1) 污染物排放单位的污水排放渠道，在已知其"浓度—时间"排放曲线波动较小，用瞬时浓度代表平均浓度所引起的误差可以容许时(小于 10%)，在某时段内的任意时间采样所测得的浓度，均可作为平均浓度。

(2) 如"浓度—时间"排放曲线虽有波动但有规律，用等时间间隔的等体积混合样的浓度代表平均浓度所引起的误差可以容许时，可等时间间隔采集等体积混合样，测其平均浓度。

(3) 如"浓度—时间"排放曲线既有波动又无规律，则必须以"比例采样器"作连续采样。即确定某一比值，在连续采样中能使各瞬时采样量与当时的流量之比均为此比值。以此种"比例采样器"在任一时段内采得的混合样所测得的浓度即为该时段内的平均浓度。

2.3.3 总量控制项目

国家水污染物排放总量控制项目如 COD、石油类、氰化物、六价铬、汞、铅、镉和砷等，要逐步实现等比例采样和在线自动监测。

训练任务 3　监测项目与分析方法

3.1　监测项目

3.1.1　监测项目的确定原则

(1) 选择国家和地方的地表水环境质量标准中要求控制的监测项目。

(2) 选择对人和生物危害大、对地表水环境影响范围广的污染物。

(3) 选择国家水污染物排放标准中要求控制的监测项目。

(4) 所选监测项目有"标准分析方法""全国统一监测分析方法"。

(5) 各地区可根据本地区污染源的特征和水环境保护功能的划分，酌情增加某些选测项目；根据本地区经济发展、监测条件的改善及技术水平的提高，可酌情增加某些污染源和地表水监测项目。

3.1.2　监测项目

(1) 地表水的监测项目见表 1-6 所列。潮汐河流必测项目增加氯化物。

表 1-6　地表水监测项目

	必测项目	选测项目
河流	水温、pH、溶解氧、高锰酸盐指数、化学需氧量、BOD_5、氨氮、总氮、总磷、铜、锌、氟化物、硒、砷、汞、镉、铬(六价)、铅、氰化物、挥发酚、石油类、阴离子表面活性剂、硫化物和粪大肠菌群	总有机碳、甲基汞，其他项目根据纳污情况由各级相关环境保护主管部门确定
集中式饮用水源地	水温、pH、溶解氧、悬浮物[2]、高锰酸盐指数、化学需氧量、BOD_5、氨氮、总氮、总磷、铜、锌、氟化物、铁、锰、硒、砷、汞、镉、铬(六价)、铅、氰化物、挥发酚、石油类、阴离子表面活性剂、硫化物、硫酸盐、氯化物、硝酸盐和粪大肠菌群	三氯甲烷、四氯化碳、三溴甲烷、二氯甲烷、1,2-二氯乙烷、环氧氯丙烷、氯乙烯、1,1-二氯乙烯、1,2-二氯乙烯、三氯乙烯、四氯乙烯、氯丁二烯、六氯丁二烯、苯乙烯、甲醛、乙醛、丙烯醛、三氯乙醛、苯、甲苯、乙苯、二甲苯[3]、异丙苯、氯苯、1,2-二氯苯、1,4-二氯苯、三氯苯[4]、四氯苯[5]、六氯苯、硝基苯、二硝基苯[6]、2,4-二硝基甲苯、2,4,6-三硝基甲苯、硝基氯苯[7]、2,4-二硝基氯苯、2,4-二氯苯酚、2,4,6-三氯苯酚、五氯酚、苯胺、联苯胺、丙烯酰胺、丙烯腈、邻苯二甲酸二丁酯、邻苯二甲酸二(2-乙基己基)酯、水合肼、四乙基铅、吡啶、松节油、苦味酸、丁基黄原酸、活性氯、滴滴涕、林丹、环氧七氯、对硫磷、甲基对硫磷、马拉硫磷、乐果、敌敌畏、敌百虫、内吸磷、百菌清、甲萘威、溴氰菊酯、阿特拉津、苯并[α]芘、甲基汞、多氯联苯[8]、微囊藻毒素-LR、黄磷、钼、钴、铍、硼、锑、镍、钡、钒、钛、铊

(续)

	必测项目	选测项目
湖泊水库	水温、pH、溶解氧、高锰酸盐指数、化学需氧量、BOD$_5$、氨氮、总磷、总氮、铜、锌、氟化物、硒、砷、汞、镉、铬(六价)、铅、氰化物、挥发酚、石油类、阴离子表面活性剂、硫化物和粪大肠菌群	总有机碳、甲基汞、硝酸盐、亚硝酸盐,其他项目根据纳污情况由各级相关环境保护主管部门确定
排污河与排污渠	根据纳污情况,参照表1-7中工业废水监测项目	

注:① 监测项目中,有的项目监测结果低于检出限,并确认没有新的污染源增加时可减少监测频次。根据各地经济发展情况不同,在有监测能力(配置GC/MS)的地区每年应监测1次选测项目。
② 悬浮物在5 mg/L以下时,测定浊度。
③ 二甲苯指邻二甲苯、间二甲苯和对二甲苯。
④ 三氯苯指1,2,3-三氯苯、1,2,4-三氯苯和1,3,5-三氯苯。
⑤ 四氯苯指1,2,3,4-四氯苯、1,2,3,5-四氯苯和1,2,4,5-四氯苯。
⑥ 二硝基苯指邻二硝基苯、间二硝基苯和对二硝基苯。
⑦ 硝基氯苯指邻硝基氯苯、间硝基氯苯和对硝基氯苯。
⑧ 多氯联苯指PCB-1016、PCB-1221、PCB-1232、PCB-1242、PCB-1248、PCB-1254和PCB-1260。

饮用水保护区或饮用水源的江河除监测常规项目外,必须注意剧毒和"三致"有毒化学品的监测。

(2)工业废水监测项目见表1-7。

表1-7 工业废水监测项目

类 型	必测项目	选测项目①
黑色金属矿山 (包括磷铁矿、赤铁矿、锰矿等)	pH、悬浮物、重金属②	硫化物、锑、铋、锡、氟化物
钢铁工业 (包括选矿、烧结、炼焦、炼铁、炼钢、连铸、轧钢等)	pH、悬浮物、COD、挥发酚、氰化物、油类、六价铬、锌、氨氮	硫化物、氟化物、BOD$_5$、铬
选矿药剂	COD、BOD$_5$、悬浮物、硫化物、重金属	
有色金属矿山及冶炼 (包括选矿、烧结、电解、精炼等)	pH、COD、悬浮物、氰化物、重金属	硫化物、铍、铝、钒、钴、锑、铋

(续)

类　　型		必测项目	选测项目①
非金属矿物制品业		pH、悬浮物、COD、BOD_5、重金属	油类
煤气生产和供应业		pH、悬浮物、COD、BOD_5、油类、重金属、挥发酚、硫化物	多环芳烃、苯并[α]芘、挥发性卤代烃
火力发电(热电)		pH、悬浮物、硫化物、COD	BOD_5
电力、蒸汽、热水生产和供应业		pH、悬浮物、硫化物、COD、挥发酚、油类	BOD_5
煤炭采造业		pH、悬浮物、硫化物	砷、油类、汞、挥发酚、COD、BOD_5
焦化		COD、悬浮物、挥发酚、氨氮、氰化物、油类、苯并[α]芘	总有机碳
石油开采		COD、BOD_5、悬浮物、油类、硫化物、挥发性卤代烃、总有机碳	挥发酚、总铬
石油加工及炼焦业		COD、BOD_5、悬浮物、油类、硫化物、挥发酚、总有机碳、多环芳烃	苯并[α]芘、苯系物、铝、氯化物
化学矿开采	硫铁矿	pH、COD、BOD_5、硫化物、悬浮物、砷	
	磷矿	pH、氟化物、悬浮物、磷酸盐(P)、黄磷、总磷	
	汞矿	pH、悬浮物、汞	硫化物、砷
无机原料	硫酸	酸度(或pH)、硫化物、重金属、悬浮物	砷、氟化物、氯化物、铝
	氯碱	碱度(或酸度或pH)、COD、悬浮物	汞
	铬盐	酸度(或碱度或pH)、六价铬、总铬、悬浮物	汞
有机原料		COD、挥发酚、氰化物、悬浮物、总有机碳	苯系物、硝基苯类、总有机碳、有机氯类、邻苯二甲酸酯等
塑料		COD、BOD_5、油类、总有机碳、硫化物、悬浮物	氯化物、铝
化学纤维		pH、COD、BOD_5、悬浮物、总有机碳、油类、色度	氯化物、铝

（续）

类　　型		必测项目	选测项目[①]
橡胶		COD、BOD$_5$、油类、总有机碳、硫化物、六价铬	苯系物、苯并[α]芘、重金属、邻苯二甲酸酯、氯化物等
医药生产		pH、COD、BOD$_5$、油类、总有机碳、悬浮物、挥发酚	苯胺类、硝基苯类、氯化物、铝
染料		COD、苯胺类、挥发酚、总有机碳、色度、悬浮物	硝基苯类、硫化物、氯化物
颜料		COD、硫化物、悬浮物、总有机碳、汞、六价铬	色度、重金属
油漆		COD、挥发酚、油类、总有机碳、六价铬、铅	苯系物、硝基苯类
合成洗涤剂		COD、阴离子合成洗涤剂、油类、总磷、黄磷、总有机碳	苯系物、氯化物、铝
合成脂肪酸		pH、COD、悬浮物、总有机碳	油类
聚氯乙烯		pH、COD、BOD$_5$、总有机碳、悬浮物、硫化物、总汞、氯乙烯	挥发酚
感光材料，广播电影电视业		COD、悬浮物、挥发酚、总有机碳、硫化物、银、氰化物	显影剂及其氧化物
其他有机化工		COD、BOD$_5$、悬浮物、油类、挥发酚、氰化物、总有机碳	pH、硝基苯类、氯化物
化肥	磷肥	pH、COD、BOD$_5$、悬浮物、磷酸盐、氟化物、总磷	砷、油类
	氮肥	COD、BOD$_5$、悬浮物、氨氮、挥发酚、总氮、总磷	砷、铜、氰化物、油类
合成氨工业		pH、COD、悬浮物、氨氮、总有机碳、挥发酚、硫化物、氰化物、石油类、总氮	镍
农药	有机磷	COD、BOD$_5$、悬浮物、挥发酚、硫化物、有机磷、总磷	总有机碳、油类
	有机氯	COD、BOD$_5$、悬浮物、硫化物、挥发酚、有机氯	总有机碳、油类

(续)

类　　型	必测项目	选测项目[①]
除草剂工业	pH、COD、悬浮物、总有机碳、百草枯、阿特拉津、吡啶	除草醚、五氯酚、五氯酚钠、2,4-D、丁草胺、绿麦隆、氯化物、铝、苯、二甲苯、氨、氯甲烷、联吡啶
电镀	pH、碱度、重金属、氰化物	钴、铝、氯化物、油类
烧碱	pH、悬浮物、汞、石棉、活性氯	COD、油类
电气机械及器材制造业	pH、COD、BOD_5、悬浮物、油类、重金属	总氮、总磷
普通机械制造	COD、BOD_5、悬浮物、油类、重金属	氰化物
电子仪器、仪表	pH、COD、BOD_5、氰化物、重金属	氟化物、油类
造纸及纸制品业	酸度(或碱度)、COD、BOD_5、可吸附有机卤化物(AOX)、pH、挥发酚、悬浮物、色度、硫化物	木质素、油类
纺织染整业	pH、色度、COD、BOD_5、悬浮物、总有机碳、苯胺类、硫化物、六价铬、铜、氨氮	总有机碳、氯化物、油类、二氧化氯
皮革、毛皮、羽绒服及其制品	pH、COD、BOD_5、悬浮物、硫化物、总铬、六价铬、油类	总氮、总磷
水泥	pH、悬浮物	油类
油毡	COD、BOD_5、悬浮物、油类、挥发酚	硫化物、苯并[α]芘
玻璃、玻璃纤维	COD、BOD_5、悬浮物、氰化物、挥发酚、氟化物	铅、油类
陶瓷制造	pH、COD、BOD_5、悬浮物、重金属	
石棉(开采与加工)	pH、石棉、悬浮物	挥发酚、油类
木材加工	COD、BOD_5、悬浮物、挥发酚、pH、甲醛	硫化物
食品加工	pH、COD、BOD_5、悬浮物、氨氮、硝酸盐氮、动植物油	总有机碳、铝、氯化物、挥发酚、铅、锌、油类、总氮、总磷
屠宰及肉类加工	pH、COD、BOD_5、悬浮物、动植物油、氨氮、大肠菌群	石油类、细菌总数、总有机碳
饮料制造业	pH、COD、BOD_5、悬浮物、氨氮、粪大肠菌群	细菌总数、挥发酚、油类、总氮、总磷

（续）

类　　型		必测项目	选测项目①
兵器工业	弹药装药	pH、COD、BOD$_5$、悬浮物、三硝基甲苯（TNT）、二硝基甲苯（DNT）、黑索今（RDX）	硫化物、重金属、硝基苯类、油类
	火工品	pH、COD、BOD$_5$、悬浮物、铅、氰化物、硫氰化物、铁（I、II）氰络合物	肼和叠氮化物（叠氮化钠生产厂为必测）、油类
	火炸药	pH、COD、BOD$_5$、悬浮物、色度、铅、TNT、DNT、硝化甘油（NG）、硝酸盐	油类、总有机碳、氨氮
航天推进剂		pH、COD、BOD$_5$、悬浮物、氨氮、氰化物、甲醛、苯胺类、肼、一甲基肼、偏二甲基肼、三乙胺、二乙烯三胺	油类、总氮、总磷
船舶工业		pH、COD、BOD$_5$、悬浮物、油类、氨氮、氰化物、六价铬	总氮、总磷、硝基苯类、挥发性卤代烃
制糖工业		pH、COD、BOD$_5$、色度、油类	硫化物、挥发酚
电池		pH、重金属、悬浮物	酸度、碱度、油类
发酵和酿造工业		pH、COD、BOD$_5$、悬浮物、色度、总氮、总磷	硫化物、挥发酚、油类、总有机碳
货车洗刷和洗车		pH、COD、BOD$_5$、悬浮物、油类、挥发酚	重金属、总氮、总磷
管道运输业		pH、COD、BOD$_5$、悬浮物、油类、氨氮	总氮、总磷、总有机碳
宾馆、饭店、游乐场所及公共服务业		pH、COD、BOD$_5$、悬浮物、油类、挥发酚、阴离子洗涤剂、氨氮、总氮、总磷	粪大肠菌群、总有机碳、硫化物
绝缘材料		pH、COD、BOD$_5$、挥发酚、悬浮物、油类	甲醛、多环芳烃、总有机碳、挥发性卤代烃
卫生用品制造业		pH、COD、悬浮物、油类、挥发酚、总氮、总磷	总有机碳、氨氮
生活污水		pH、COD、BOD$_5$、悬浮物、氨氮、挥发酚、油类、总氮、总磷、重金属	氯化物

类　　型	必测项目	选测项目[①]
医院污水	pH、COD、BOD$_5$、悬浮物、油类、挥发酚、总氮、总磷、汞、砷、粪大肠菌群、细菌总数	氟化物、氯化物、醛类、总有机碳

注：表中所列必测项目、选测项目的增减，由县级以上环境保护行政主管部门认定。

① 选测项目同表 1-6 注①；

② 重金属系指 Hg、Cr、Cr（Ⅵ）、Cu、Pb、Zn、Cd 和 Ni 等，具体监测项目由县级以上环境保护行政主管部门确定。

（3）底质监测项目

必测项目：砷、汞、烷基汞、铬、六价铬、铅、镉、铜、锌、硫化物和有机质。

选测项目：有机氯农药、有机磷农药、除草剂、PCBs、烷基汞、苯系物、多环芳烃和邻苯二甲酸酯类。

（4）污水处理设施的污泥或纳入污水河渠和水域的污泥监测项目参照表 1-7。

（5）饮用水源地监测项目执行 GB 3838—2002。

（6）污染源监测项目执行 GB 8978—1996 及有关行业水污染物排放标准。

3.2　分析方法

3.2.1　选择分析方法的原则

（1）首先选用国家标准分析方法，统一分析方法或行业标准方法。

（2）当实验室不具备使用标准分析方法时，也可采用原国家环境保护局监督管理司环境监测〔1994〕017 号文和环境监〔1995〕号文公布的方法体系。

（3）在某些项目的监测中，尚无"标准"和"统一"分析方法时，可采用 ISO、美国 EPA 和日本 JIS 方法体系等其他等效分析方法，但应经过验证合格，其检出限、准确度和精密度应能达到质控要求。

（4）当规定的分析方法应用于污水、底质和污泥样品分析时，必要时要注意增加消除基体干扰的净化步骤，并进行可适用性检验。

3.2.2　水和污水的监测分析方法

水和污水的监测分析方法见附表 1。

训练任务4 流域监测

4.1 流域监测的目的
流域监测以掌握流域水环境质量现状和污染趋势，为流域规划中限期达到目标的监督检查服务，并为流域管理和区域管理的水污染防治监督管理提供依据。

4.2 流域断面
根据流域规划设置的断面，一般分为限期达标断面、责任考核断面和省(自治区、直辖市)界断面。

4.3 同步监测
同步监测是根据管理需要组织全流域监测站进行的在大致相同的时段内，对主要控制项目的监测。

同步监测由国务院环境保护行政主管部门统一组织，中国环境监测总站负责点位(断面)认证、监测全程序技术指导、监测资料的审核汇总以及报告编写工作。在监测期间总站派技术专家到重点地区进行现场技术监督、技术指导。相关省(自治区、直辖市)、市(地)、县环境监测站负责本地区的同步监测工作的具体实施。

监测频次：常规监测为每月1次，具体实施时间由中国环境监测总站与流域网头单位及相关省(自治区、直辖市)协商确定。同步监测频次根据需要确定。

4.4 监测断面(点位)
我国正在制定和实施的"三河"(淮河、海河、辽河)、"三湖"(太湖、巢湖、滇池)水污染防治规划和污染源限期达标计划中确定的监测断面是"三河""三湖"的主要监测断面。

流域监测以环境管理目标断面和省(自治区、直辖市)交界断面为主，根据需要可增加主要城镇的污水总排口、日排水量在100 t以上或COD日排放量30 kg以上主要污染企业的排口，此外，沿江、河、湖、库的集约化畜禽养殖场、宾馆、饭店等污水排口。

4.5 省、市(区)交界断面
重点省、市(区)交界断面，由中国环境监测总站组织并指导有关省、市(区)环境监测(中心)站采样监测；其他交界断面由所辖省、市(区)环境监测(中心)站组织采样监测。

4.6 监测项目
以常规水质监测项目为主，同时根据流域管理需要和区域污染源分布及污染物排放特征等适当增减，并经环境保护行政主管部门审批。

在每次流域同步监测中，高锰酸盐指数、COD、NH_3-N、As、Hg、pH、油类、总氮、总磷为必测项目，湖库监测增加叶绿素a。

4.7 流域污染物通量监测
增加采样频次并进行流量测量，以平均浓度和流量计算出污染物通量，也可用多个瞬时浓度积分计算污染物通量。

流量测量有多种精确和简易方法，如流速仪法，将监测断面分成若干大小区间分别测量后求积，也可将流速仪法简化成两点法进行测量。

根据我国目前的仪器装备情况,这里推荐简易的浮标法测流量:

取一段较规则、长度不小于 10 m、无弯曲、有一定液面高度的河床,测其平均宽度及水面高度,取一漂浮物,放入流动河水的中央,在无外力的影响下(如风、漂浮物阻塞等),使漂浮物流经被测距离,记录流过时间并重复数次,取平均值。流量按下式计算:

$$Q = 0.7LS/t$$

式中　Q——河水流量,m^3/s;

　　　L——选取河道部分长度,m;

　　　t——浮标法通过这段距离的所需平均时间,s;

　　　S——河流断面面积,m^2。

注:①河床截面积可用测量杆在选定断面通过测量几个点位的深度计算出。为避免较大误差,至少要有 5 个测量点,每个测量点之间不能超过 20 m,地形较复杂的河床测量点应加密。

②根据增添设备的条件,逐步采用多普勒测流仪测量流量,计算污染物通量。

训练任务 5　应急监测

5.1　突发性水环境污染事故

突发性水环境污染事故，尤其是有毒有害化学品的泄漏事故，往往会对水生态环境造成极大的破坏，并直接威胁人民群众的生命安全。因此，突发性环境污染事故的应急监测与环境质量监测和污染源监督监测具有同样的重要性，是环境监测工作的重要组成部分。

5.1.1　应急监测的目的与原则

应急监测的主要目的是在已有资料的基础上，迅速查明污染物的种类、污染程度和范围以及污染发展趋势，及时、准确地为决策部门提供处理处置的可靠依据。

事故发生后，监测人员应携带必要的简易快速检测器材和采样器材及安全防护装备尽快赶赴现场。根据事故现场的具体情况立即布点采样，利用检测管和便携式监测仪器等快速检测手段鉴别、鉴定污染物的种类，并给出定量或半定量的监测结果。现场无法鉴定或测定的项目应立即将样品送回实验室进行分析。根据监测结果，确定污染程度和可能污染的范围并提出处理处置建议，及时上报有关部门。

5.1.2　采样

突发性水环境污染事故的应急监测一般分为事故现场监测和跟踪监测两部分，其采样原则如下：

5.1.2.1　现场监测采样

（1）现场监测的采样一般以事故发生地点及其附近为主，根据现场的具体情况和污染水体的特性布点采样和确定采样频次。对江河的监测应在事故地点及其下游布点采样，同时要在事故发生地点上游采对照样。对湖(库)的采样点布设以事故发生地点为中心，按水流方向在一定间隔的扇形或圆形布点采样，同时采集对照样品。

（2）事故发生地点要设立明显标志，如有必要则进行现场录像和拍照。

（3）现场要采平行双样，一份供现场快速测定，一份供送回实验室测定。如有需要，同时采集污染地点的底质样品。

5.1.2.2　跟踪监测采样

污染物质进入水体后，随着稀释、扩散和沉降作用，其浓度会逐渐降低。为掌握污染程度、范围及变化趋势，在事故发生后，往往要进行连续的跟踪监测，直至水体环境恢复正常。

（1）对江河污染的跟踪监测要根据污染物质的性质和数量及河流的水文要素等，沿河段设置数个采样断面，并在采样点设立明显标志。采样频次根据事故程度确定。

（2）对湖(库)污染的跟踪监测，应根据具体情况布点，但在出水口和饮用水取水口处必须设置采样点。由于湖(库)的水体较稳定，要考虑不同水层采样。采样频次每天不得少于 2 次。

5.1.2.3 现场记录

要绘制事故现场的位置图，标出采样点位，记录发生时间、事故原因、事故持续时间、采样时间以及水体感观性描述、可能存在的污染物、采样人员等事项。

5.1.3 监测方法

由于事故的突发性和复杂性，当我国颁布的标准监测分析方法不能满足要求时，可等效采用 ISO、美国 EPA 或日本 JIS 的相关方法，但必须用加标回收、平行双样等指标检验方法的适用性。

现场监测可使用水质检测管或便携式监测仪器等快速检测手段，鉴别鉴定污染物的种类并给出定量、半定量的测定数据。现场无法监测的项目和平行采集的样品，应尽快将样品送回实验室进行检测。

跟踪监测一般可在采样后及时送回实验室进行分析。

5.1.4 应急监测报告

根据现场情况和监测结果，编写现场监测报告并迅速上报有关单位，报告的主要内容有：

（1）事故发生的时间，接到通知的时间，到达现场监测时间。
（2）事故发生的具体位置。
（3）监测实施，包括采样点位、监测频次、监测方法。
（4）事故发生的性质、原因及伤亡损失情况。
（5）主要污染物的种类、流失量、浓度及影响范围。
（6）简要说明污染物的有害特性及处理处置建议。
（7）附现场示意图及录像或照片。
（8）应急监测单位及负责人盖章签字。

5.2 洪水期与退水期水质监测

5.2.1 监测目的

掌握洪水期与退水期地表水质现状和变化趋势，及时准确地为国家环境保护行政主管部门提供可靠信息，以便对可能发生的水污染事故制定相应的处理对策，为保障洪涝区域人民的健康与重建工作提供科学依据。

5.2.2 监测的基本任务与要求

（1）开展灾区域镇河流、湖、库及饮用水源地的水质监测。
（2）重灾区、淹没区的地表水质监测；对于危险品存放地周围水质重点监测。
（3）水环境污染事故的追踪调查和应急监测。
（4）开展洪水期与退水期水环境质量的评价与专报。
（5）各项监测与报告工作要做到快速、及时、准确。

5.2.3 监测点位布设原则

（1）布点原则。参照地表水质监测布点与采样，污水监测的布点与采样，并根据洪水与退水过程中水体流经区域，把监测重点放在城、镇、村的饮用水源地（含水井周围），以及洪涝区城、镇、村的河流，淹没区危险品存放地的周围要加密布点。

（2）洪水区域的河流主干道和支流流经的城镇加密布设控制断面（不设中泓断面）。

（3）城镇村的饮用水源地在进水和出水方位加密布点。

(4)洪涝区域的饮用水水井根据不同水深布设上(水面至水下 20 mm)、中(水深的中部)、下(底质上 50 mm)3 个点位。

(5)淹没区域的饮用水源地和水井周围加密布点。

(6)洪涝区域和淹没区域的工矿企业周围,在入水方向每 20 m 布 1 个采样点,出水方向要加密布点,以能够切实监测出污染物泄流浓度和总量为原则。

(7)以危险品存放地或流经洪水的工矿企业为中心,按一定间隔的扇形布点,同时在洪水进流方向的上游设 3~4 个对照点位。

5.2.4 采样

参照地表水质监测布点与采样,污水监测的布点与采样。

5.2.5 监测频次与时段

为说明污染物特别是危险品存放地污染物可能的泄排浓度、总量和泄排时段,自洪水暴发之日起至洪水消退后 1 个月的时段内,每周至少监测 1 次。

5.2.6 监测项目

5.2.6.1 地表水

监测 pH、悬浮物、化学需氧量、氨氮、总氮、总磷、挥发酚、油类、粪大肠菌群、细菌总数。参照地区污染物的特征,并参照洪水区污染源特征适当增加有关项目。

5.2.6.2 饮用水源地(含井水)

监测 pH、悬浮物、高锰酸盐指数、氨氮、硝酸盐氮、亚硝酸盐氮、总磷、挥发酚、硫化物、总硬度、总汞、总砷、铅、镉、油类、氯化物、氟化物、总有机碳、粪大肠菌群、细菌总数。

5.2.6.3 工矿企业及事业单位污水

有污水排放的工矿企业及事业单位参照表 1-7 污水监测项目。

5.2.6.4 洪水淹没区的工矿企业和危险品存放地

洪水淹没区的工矿企业和危险品存放地,根据工矿企业的产品、原材料、中间产品及存放危险品的种类,监测项目以国家控制的污染物为主,并参照国外有关限制排放污染物确定。

5.2.7 监测分析方法

参照本项目训练任务 3 监测项目与分析方法。

对于淹没区的工矿企业和危险品存放地的污染物监测,我国尚没有规定标准监测分析方法和统一方法,可采用 ISO、美国 EPA 或日本 JIS 的相应监测分析方法。

5.2.8 数据处理与报告

洪水期与退水期的监测数据,应切实做好计算机存储工作。每期水质监测结果以专报、快报形式,及时向国家生态环境部和地方环境保护行政主管部门报告。

训练任务 6 监测数据整理

6.1 原始记录

(1) 水和污水现场监测采样、样品保存、样品传输、样品交接、样品处理和实验室分析的原始记录是监测工作的重要凭证，应在记录表格或专用记录本上按规定格式，对各栏目认真填写。原始记录表(本)应有统一编号，个人不得擅自销毁，用完按期归档保存。

(2) 原始记录使用墨水笔或档案用圆珠笔书写，做到字迹端正、清晰。如原始记录上数据有误而要改正时，应在错误的数据上画以斜线；如需改正的数据成片，也可将其画以框线，并添加"作废"两字，再在错误数据的上方写上正确的数字，并在右下方签名(或盖章)。不得在原始记录上涂改或撕页。

(3) 监测人员必须具有严肃认真的工作态度，对各项记录负责，及时记录，不得以回忆方式填写。

(4) 每次报出数据前，原始记录上必须有测试人和校核人签名。

(5) 站内外其他人员需查阅原始记录时，需经有关领导批准。

(6) 原始记录不得在非监测场合随身携带，不得随意复制、外借。

6.2 测量数据的有效数字及规则

(1) 有效数字用于表示测量数字的有效意义。指测量中实际能测得的数字，由有效数字构成的数值，其倒数第二位以上的数字应是可靠的(确定的)，只有末位数是可疑的(不确定的)。对有效数字的位数不能任意增删。

(2) 由有效数字构成的测定值必然是近似值，因此，测定值的运算应按近似计算规则进行。

(3) 数字"0"，当它用于指小数点的位置，而与测量的准确度无关时，不是有效数字；当它用于表示与测量准确程度有关的数值大小时，即为有效数字。这与"0"在数值中的位置有关。

(4) 分析结果的有效数字的位数，主要取决于原始数据的正确记录和数值的正确计算。在记录测量值时，要同时考虑到计量器具的精密度和准确度，以及测量仪器本身的读数误差。对检定合格的计量器具，有效位数可以记录到最小分度值，最多保留一位不确定数字(估计值)。

以实验室最常用的计量器具为例：

用天平(最小分度值为 0.1 mg)进行称量时，有效数字可以记录到小数点后面第四位，如 1.2235 g，此时有效数字为五位；0.9452 g，有效数字则为四位。

用玻璃量器量取体积的有效数字位数是根据量器的容量允许差和读数误差来确定的。如单标线 A 级 50 mL 容量瓶，准确容积为 50.00 mL；单标线 A 级 10 mL 移液管，准确容积为 10.00 mL，有效数字均为四位；用分度移液管或滴定管，其读数的有效数字可达到其最小分度后一位，保留一位不确定数字。

分光光度计最小分度值为 0.005，因此，吸光度一般可记到小数点后第三位，有效数字位数最多只有三位。

带有计算机处理系统的分析仪器,往往根据计算机自身的设定,打印或显示结果,可以有很多位数,但这并不增加仪器的精度和可读的有效位数。

在一系列操作中,使用多种计量仪器时,有效数字以最少的一种计量仪器的位数表示。

(5)表示精密度的有效数字根据分析方法和待测物的浓度不同,一般只取1~2位有效数字。

(6)分析结果有效数字所能达到的位数不能超过方法最低检出浓度的有效位数所能达到的位数。例如,一个方法的最低检出浓度为0.02 mg/L,则分析结果报0.088 mg/L就不合理,应报0.09 mg/L。

(7)以一元线性回归方程计算时,校准曲线斜率b的有效位数,应与自变量x_i的有效数字位数相等,或最多比x_i多保留一位。截距a的最后一位数,则和因变量y_i数值的最后一位取齐,或最多比y_i多保留一位数。

(8)在数值计算中,当有效数字位数确定之后,其余数字应按修约规则一律舍去。

(9)在数值计算中,某些倍数、分数、不连续物理量的数值,以及不经测量而完全根据理论计算或定义得到的数值,其有效数字的位数可视为无限。这类数值在计算中按需要几位就定几位。

6.3 数值修约规则

数值修约执行 GB/T 8170—2008《数值修约规则与极限数值的表示和判定》。

6.4 近似计算规则

(1)加法和减法

几个近似值相加减时,其和或差的有效数字决定于绝对误差最大的数值,即最后结果的有效数字自左起不超过参加计算的近似值中第一个出现的可疑数字。在小数的加减计算中,结果所保留的小数点后的位数与各近似值中小数点后位数最少者相同。在实际运算过程中,保留的位数比各数值中小数点后位数最少者多留一位小数,而计算结果则按数值修约规则处理。当两个很接近的近似数值相减时,其差的有效数字位数会有很多损失。因此,如有可能,应把计算程序组织好,以尽量避免损失。

(2)乘法和除法

近似值相乘除时,所得积与商的有效数字位数决定于相对误差最大的近似值,即最后结果的有效数字位数要与各近似值中有效数字位数最少者相同。在实际运算中,可先将各近似值修约至比有效数字位数最少者多保留一位,最后将计算结果按上述规则处理。

(3)乘方和开方

近似值乘方或开方时,原近似值有几位有效数字,计算结果就可以保留几位有效数字。

(4)对数和反对数

大近似值的对数计算中,所取对数的小数点后的位数(不包括首数)应与其数的有效数字位数相同。

求4个或4个以上准确度接近的数值的平均值时,其有效位数可增加一位。

6.5 监测结果的表示方法

所使用的计量单位应采用中华人民共和国法定计量单位。

浓度含量的表示。水和污水分析结果用 mg/L 表示，浓度较小时，则以 μg/L 表示，浓度很大时，例如，COD 12345 mg/L 应以 1.23×10^4 mg/L 表示，也可用百分数(%)表示(注明 w/V 或 m/m)。

底质分析结果用 mg/kg(干基)或 μg/kg(干基)表示。

总硬度用 $CaCO_3$ mg/L 表示。

双份平行测定结果在允许差范围之内，则结果以平均值表示。平行双样相对偏差的计算方法：

$$相对偏差(\%) = \frac{A-B}{A+B} \times 100$$

式中　　A，B——同一水样两次平行测定的结果。

当测定结果在检出限(或最小检出浓度)以上时，报实际测得结果值，当低于方法检出限时，报所使用方法的检出限值，并加标志位 L。统计污染总量时以零计。

6.6 校准曲线

校准曲线的相关系数只舍不入，保留到小数点后出现非 9 的一位，如 0.999 89 → 0.9998。如果小数点后都是 9 时，最多保留 4 位。

校准曲线的斜率和截距有时小数点后位数很多，最多保留 3 位有效数字，并以幂表示，如 0.000 023 4 → 2.34×10^{-5}。

6.7 分析结果的统计要求

6.7.1 异常值的判断和处理

一组监测数据中，个别数值明显偏离其所属样本的其余测定值，即为异常值。对异常值的判断和处理，参照 GB 4883—1985 进行。

较常采用 Grubbs 检验法和 Dixon 检验法。Grubbs 检验法可用于检验多组(组数 L)测量均值的一致性和剔除多组测量值均值中的异常值，也可用于检验一组测量值(个数 n)的一致性和剔除一组测量值中的异常值，检出的异常值个数不超过 1；Dixon 检验法用于一组测量值的一致性检验和剔除一组测量值中的异常值，适用于检出一个或多个异常值。

检出异常值的统计检验的显著性水平 α(即检出水平)的适宜取值是 5%。对检出的异常值，按规定以剔除水平 α 代替检出水平 α 进行检验，若在剔除水平下此检验是显著的，则判此异常值为高度异常。剔除水平 α 一般采用 1%。上述规则的选用应根据实际问题的性质，权衡寻找产生异常值原因的代价，正确判断异常值的得益和错误剔除正常值的风险而定。对于剔除多组测量值中精密度较差的一组数据，或对多组测量值的方差一致性检验，则通常采用 Cochran 最大方差检验。

6.7.2 分析结果的精密度表示

用多次平行测定结果进行相对偏差计算的计算式：

$$相对偏差(\%) = \frac{x_i - \bar{x}}{\bar{x}} \times 100$$

式中　　x_i——某一测量值；

$\bar{x}$——多次测量值的均值。

一组测量值的精密度用标准偏差或相对标准偏差表示时的计算式：

$$标准偏差(s) = \sqrt{\frac{1}{n-1}\sum_{i=1}^{n}(x_i - \bar{x})^2}$$

$$相对偏差(RDS, \%) = \frac{s}{\bar{x}} \times 100$$

6.7.3 分析结果的准确度表示

以加标回收率表示时的计算式：

$$回收率(P, \%) = \frac{加标试样的测定值 - 试样测量值}{加标量} \times 100$$

根据标准物质的测定结果，以相对误差表示时的计算式：

$$相对误差(\%) = \frac{测定值 - 保证值}{保证值} \times 100$$

附表1 水和污水监测分析方法

序号	监测项目	分析方法	最低检出浓度(量)	有效数字最多位数	小数点后最多位数(5)	备注
1	水温	温度计法	0.1℃	3	1	GB 13195—1991
2	色度	1. 铂钴比色法	—	—	—	GB 11903—1989
		2. 稀释倍数法	—	—	—	GB 11903—1989
3	臭	1. 文字描述法	—	—	—	(1)
		2. 臭阈值法	—	—	—	(1)
4	浊度	1. 分光光度法	3 度	3	0	GB 13200—1991
		2. 目视比浊法	1 度	3	1	GB 13200—1991
5	透明度	1. 铅字法	0.5 cm	2	1	(1)
		2. 塞氏圆盘法	0.5 cm	2	1	(1)
		3. 十字法	5 cm	2	0	(1)
6	pH	玻璃电极法	0.1(pH)	2	2	GB 6920—1986
7	悬浮物	重量法	4 mg/L	3	0	GB 11901—1989
8	矿化度	重量法	4mg/L	3	0	(1)
9	电导率	电导仪法	1 μS/cm (25℃)	3	1	(1)
10	总硬度	1. EDTA 滴定法	0.05 mmol/L	3	2	GB 7477—1987
		2. 钙镁换算法	—	—	—	(1)
		3. 流动注射法	—	—	—	(1)
11	溶解氧	1. 碘量法	0.2 mg/L	3	1	GB 7489—1987
		2. 电化学探头法	—	3	1	GB 11913—1989
12	高锰酸盐指数	1. 高锰酸盐指数	0.5 mg/L	3	1	GB 11892—1989
		2. 碱性高锰酸钾法	0.5 mg/L	3	1	(1)
		3. 流动注射连续测定法	0.5 mg/L	3	1	(1)
13	化学需氧量	1. 重铬酸盐法	5 mg/L	3	0	GB 11914—1989 (1) 需与标准回流 2 h 进行对照 (1)
		2. 库仑法	2 mg/L	3	0	
		3. 快速 COD 法 ①催化快法 ②密闭催化消解法 ③节能加热法	2 mg/L	3	1	
14	生化需氧量	1. 稀释与接种法	2 mg/L	3	1	GB 7488—1987
		2. 微生物传感器快速测定法	—	3	1	HJ/T 86—2002

(续)

序号	监测项目	分析方法	最低检出浓度(量)	有效数字最多位数	小数点后最多位数(5)	备注
15	氨氮	1. 纳氏试剂光度法	0.025 mg/L	4	3	GB 7479—1987 GB 7478—1987 GB 7481—1987 (1)
		2. 蒸馏和滴定法	0.2 mg/L	4	2	
		3. 水杨酸分光光度法	0.01 mg/L	4	3	
		4. 电极法	0.03 mg/L	3	3	
		5. 气相分子吸收法	0.0005 mg/L	3	4	
16	挥发酚	1. 4-氨基安替比林萃取光度法	0.002 mg/L	3	4	GB 7490—1987
		2. 蒸馏后溴化容量法	—	—	—	GB 7491—1987
17	总有机碳	1. 燃烧氧化-非分散红外线吸收法	0.5 mg/L	3	1	GB 13193—1991
		2. 燃烧氧化-非分散红外法	0.5 mg/L	3	1	HJ/T 71—2001
18	油类	1. 重量法	10 mg/L	3	0	(1)
		2. 红外分光光度法	0.1 mg/L	3	2	HJ 637—2012
19	总氮	碱性过硫酸钾消解-紫外分光光度法	0.05 mg/L	3	2	GB 11894—1989
20	总磷	1. 钼酸铵分光光度法	0.01 mg/L	3	3	GB 11893—1989
		2. 孔雀绿-磷钼杂多酸分光光度法	0.005 mg/L	3	3	(1)
		3. 氯化亚锡还原光度法	0.025 mg/L	3	3	(6)
		4. 离子色谱法	0.01 mg/L	3	3	(1)
21	亚硝酸盐氮	1. N-(1-萘基-)-乙二胺比色法	0.005 mg/L	3	3	GB 13580.7—1992
		2. 分光光度法	0.003 mg/L	3	4	GB 7493—1987
		3. α-萘胺比色法	0.003 mg/L	3	4	GB 13589.5—1992
		4. 离子色谱法	0.05 mg/L	3	2	(1)
		5. 气相分子吸收法	5 μg/L	3	1	(1)
22	硝酸盐氮	1. 酚二磺酸分光光度法	0.02 mg/L	3	3	GB 7480—1987
		2. 镉柱还原法	0.005 mg/L	3	3	(1)
		3. 紫外分光光度法	0.08 mg/L	3	2	(1)
		4. 离子色谱法	0.04 mg/L	3	2	(1)
		5. 气相分子吸收法	0.03 mg/L	3	3	(1)
		6. 电极流动法	0.21 mg/L	3	2	(1)

(续)

序号	监测项目	分析方法	最低检出浓度(量)	有效数字最多位数	小数点后最多位数(5)	备注
23	凯氏氮	蒸馏-滴定法	0.2 mg/L	3	2	GB 11891—1989
24	酸度	1. 酸碱指示剂滴定法	—	3	1	(1)
		2. 电位滴定法	—	4	2	(1)
25	碱度	1. 酸碱指示剂滴定法	—	4	1	(1)
		2. 电位滴定法	—	4	2	(1)
26	氯化物	1. 硝酸银滴定法	2 mg/L	3	1	GB 11896—1989
		2. 电位滴定法	3.4 mg/L	3	1	(1)
		3. 离子色谱法	0.04 mg/L	3	2	(1)
		4. 电极流动法	0.9 mg/L	3	1	(1)
27	游离氯和总氯（活性氯）	1. N,N-二乙基-1,4-苯二胺滴定法	0.03 mg/L	3	3	GB 11897—1989
		2. N,N-二乙基-1,4-苯二胺分光光度法	0.05 mg/L	3	2	GB 11898—1989
28	二氧化氯	连续滴定碘量法	—	4	4	GB 4287—1992 附录A
29	氟化物	1. 离子选择电极法(含流动电极法)	0.05 mg/L	3	2	GB 7484—1987
		2. 氟试剂分光光度法	0.05 mg/L	3	2	GB 7483—1987
		3. 茜素磺酸锆目视比色法	0.05 mg/L	3	2	GB 7482—1987
		4. 离子色谱法	0.02 mg/L	3	3	(1)
30	氰化物	1. 异烟酸-吡唑啉酮比色法	0.004 mg/L	3	3	GB 7486—1987
		2. 吡啶-巴比妥酸比色法	0.002 mg/L	3	4	GB 7486—1987
		3. 硝酸银滴定法	0.25 mg/L	3	2	GB 7486—1987
31	石棉	重量法	4 mg/L	3	0	GB 11901—1989
32	硫氰酸盐	异烟酸-吡唑啉酮分光光度法	0.04 mg/L	3	2	GB/T 13897—1992
33	铁(Ⅱ,Ⅲ)氰化合物	1. 原子吸收分光光度法	0.5 mg/L	3	1	GB/T 13898—1992
		2. 三氯化铁分光光度法	0.4 mg/L	3	1	GB/T 13899—1992
34	硫酸盐	1. 重量法	10 mg/L	3	0	GB 11899—1989
		2. 铬酸钡光度法	1 mg/L	3	1	(1)
		3. 火焰原子吸收法	0.2 mg/L	3	1	GB 13196—1991
		4. 离子色谱法	0.1 mg/L	3	2	(1)

(续)

序号	监测项目	分析方法	最低检出浓度(量)	有效数字最多位数	小数点后最多位数(5)	备注
35	硫化物	1. 亚甲基蓝分光光度法	0.005 mg/L	3	3	GB/T 16489—1996
		2. 直接显色分光光度法	0.004 mg/L	3	3	GB/T 17133—1997
		3. 间接原子吸收法		3	2	(1)
		4. 碘量法	0.02 mg/L	3	3	(1)
36	银	1. 火焰原子吸收法	0.03 mg/L	3	3	GB 11907—1989
		2. 镉试剂 2B 分光光度法	0.01 mg/L	3	3	GB 11908—1989
		3. 3,5-Br2-PADAP 分光光度法	0.02 mg/L	3	3	GB 11909—1989
37	砷	1. 硼氢化钾-硝酸银分光光度法	0.0004 mg/L	3	4	GB 11900—1989
		2. 氢化物发生原子吸收法	0.002 mg/L	3	4	(1)
		3. 二乙基二硫代氨基甲酸银分光光度法	0.007 mg/L	3	3	GB 7485—1987
		4. 等离子发射光谱法	0.2 mg/L	3	2	(1)
		5. 原子荧光法	0.5 μg/L	3	1	(1)
38	铍	1. 石墨炉原子吸收法	0.02 μg/L	3	3	HJ/T 59—2000
		2. 铬天菁 R 光度法	0.2 μg/L	3	2	HJ/T 58—2000
		3. 等离子发射光谱法	0.02 mg/L	3	2	(1)
39	镉	1. 流动注射-在线富集火焰原子吸收法	2 μg/L	3	1	环监测[1995]079号文
		2. 火焰原子吸收法	0.05 mg/L（直接法）	3	2	GB 7475—1987
			1 μg/L（螯合萃取法）	3	1	GB 7475—1987
		3. 双硫腙分光光度法	1 μg/L	3	1	GB 7471—1987
		4. 石墨炉原子吸收法	0.10 μg/L	3	2	(1)
		5. 阳极溶出伏安法	0.5 μg/L	3	1	(1)
		6. 极谱法	10^{-6} mol/L	3	1	(1)
		7. 等离子发射光谱法	0.006 mg/L	3	3	(1)

(续)

序号	监测项目	分析方法	最低检出浓度(量)	有效数字最多位数	小数点后最多位数(5)	备注
40	铬	1. 火焰原子吸收法	0.05 mg/L	3	2	(1)
		2. 石墨炉原子吸收法	0.2 μg/L	3	2	(1)
		3. 高锰酸钾氧化-二苯碳酰二肼分光光度法	0.004 mg/L	3	3	GB 7466—1987
		4. 等离子发射光谱法	0.02 mg/L	3	3	(1)
41	六价铬	1. 二苯碳酰二肼分光光度法	0.004 mg/L	3	3	GB 7467—1987
		2. APDC-MIBK 萃取原子吸收法	0.001 mg/L	3	4	
		3. DDTC-MIBK 萃取原子吸收法	0.001 mg/L	3	4	
		4. 差示脉冲极谱法	0.001 mg/L	3	4	
42	铜	1. 火焰原子吸收法	0.05 mg/L（直接法）	3	2	GB 7475—1987
			1 μg/L（螯合萃取法）	3	1	GB 7475—1987
		2. 2,9-二甲基-1,10-菲啰啉分光光度法	0.06 mg/L	3	2	HJ 486—2009
		3. 二乙基二硫代氨基甲酸钠分光光度法	0.01 mg/L	3	3	HJ 485—2009
		4. 流动注射-在线富集火焰原子吸收法	2 μg/L	3	1	(1)
		5. 阳极溶出伏安法	0.5 μg/L	3	1	(1)
		6. 示波极谱法	10^{-6} mol/L	3	1	(1)
		7. 等离子发射光谱法	0.02 mg/L	3	3	(1)
43	汞	1. 冷原子吸收法	0.1 μg/L	3	2	HJ 597—2011
		2. 原子荧光法	0.01 μg/L	3	2	(1)
		3. 双硫腙光度法	2 μg/L	3	1	GB 7469—1987
44	铁	1. 火焰原子吸收法	0.03 mg/L	3	3	GB 11911—1989
		2. 邻菲啰啉分光光度法	0.03 mg/L	3	3	(1)
		3. 等离子发射光谱法	0.03 mg/L	3	3	(1)

(续)

序号	监测项目	分析方法	最低检出浓度(量)	有效数字最多位数	小数点后最多位数(5)	备注
45	锰	1. 火焰原子吸收法	0.01 mg/L	3	3	GB 11911—1989
		2. 高碘酸钾氧化光度法	0.05 mg/L	3	2	GB 11906—1989
		3. 等离子发射光谱法	0.002 mg/L	3	4	(1)
46	镍	1. 火焰原子吸收法	0.05 mg/L	3	2	GB 11912—1989
		2. 丁二酮肟分光光度法	0.25 mg/L	3	2	GB 11910—1989
		3. 等离子发射光谱法	0.02 mg/L	3	3	(1)
47	铅	1. 火焰原子吸收法	0.2 mg/L（直接法）	3	2	GB 7475—1987
		2. 流动注射-在线富集火焰原子吸收法	10 μg/L（螯合萃取法）	3	0	GB 7475—1987
			5.0 μg/L	3	1	环监[1995]079号文
		3. 双硫腙分光光度法	0.01 mg/L	3	3	GB 7470—1987
		4. 阳极溶出伏安法	0.5 mg/L	3	1	(1)
		5. 示波极谱法	0.02 mg/L	3	3	GB/T 13896—1992
		6. 等离子发射光谱法	0.10 mg/L	3	2	(1)
48	锑	1. 氢化物发生原子吸收法	0.2 mg/L	3	2	(1)
		2. 石墨炉原子吸收法	0.02 mg/L	3	3	
		3. 5-Br_3-PADAP 光度法	0.050 mg/L	3	3	(1)
		4. 原子荧光法	0.001 mg/L	3	4	(1)
49	铋	1. 氢化物发生原子吸收法	0.2 mg/L	3	2	(1)
		2. 石墨炉原子吸收法	0.02 mg/L	3	3	
		3. 原子荧光法	0.5 μg/L	3	2	(1)
50	硒	1. 原子荧光法	0.5 μg/L	3	1	(1)
		2. 2,3-二氨基萘荧光法	0.25 μg/L	3	2	GB 11902—1989
		3. 3,3'-二氨基联苯胺光度法	2.5 μg/L	3	1	(1)

(续)

序号	监测项目	分析方法	最低检出浓度(量)	有效数字最多位数	小数点后最多位数(5)	备注
51	锌	1. 火焰原子吸收法	0.02 mg/L	3	3	GB 7475—1987
		2. 流动注射-在线富集火焰原子吸收法	4 μg/L	3	0	(1)
		3. 双硫腙分光光度法	0.005 mg/L	3	3	GB 7472—1987
		4. 阳极溶出伏安法	0.5 mg/L	3	1	(1)
		5. 示波极谱法	10^{-6} mol/L	3	1	(1)
		6. 等离子发射光谱法	0.01 mg/L	3	3	(1)
52	钾	1. 火焰原子吸收法	0.03 mg/L	3	2	GB 11904—1989
		2. 等离子发射光谱法	1.0 mg/L	3	1	(1)
53	钠	1. 火焰原子吸收法	0.010 mg/L	3	3	GB 11904—1989
		2. 等离子发射光谱法	0.40 mg/L	3	2	(1)
54	钙	1. 火焰原子吸收法	0.02 mg/L	3	3	GB 11905—1989
		2. EDTA 络合滴定法	1.00 mg/L	3	3	GB 7476—1987
		3. 等离子发射光谱法	0.01 mg/L	3	3	(1)
55	镁	1. 火焰原子吸收法	0.002 mg/L	3	3	GB 11905—1989
		2. EDTA 络合滴定法	1.00 mg/L	3	2	GB 7477—1987（Ca，Mg 总量）
56	锡	火焰原子吸收法	2.0 mg/L	3	1	(1)
57	钼	无火焰原子吸收法	0.003 mg/L	3	4	(2)
58	钴	无火焰原子吸收法	0.002 mg/L	3	4	(2)
59	硼	姜黄素分光光度法	0.02 mg/L	3	3	HJ/T 49—1999
60	钡	无火焰原子吸收法	0.006 18 mg/L	3	3	(2)
61	钒	1. 钽试剂(BPHA)萃取分光光度法	0.018 mg/L	3	3	GB/T 15503—1995
		2. 无火焰原子吸收法	0.007 mg/L	3	3	(2)
62	钛	1. 催化示波极谱法	0.4 μg/L	3	1	(2)
		2. 水杨基荧光酮分光光度法	0.02 mg/L	3	3	(2)
63	铊	无火焰原子吸收法	4 ng/L	3	0	(2)
64	黄磷	钼-锑-抗分光光度法	0.0025 mg/L	3	4	(2)

(续)

序号	监测项目	分析方法	最低检出浓度(量)	有效数字最多位数	小数点后最多位数(5)	备注
65	挥发性卤代烃	1. 气相色谱法	0.01~0.10 μg/L	3	3	GB/T 17130—1997
		2. 吹脱捕集气相色谱法	0.009~0.08 μg/L	3	3	(1)
		3. GC-MS 法	0.03~0.3 μg/L	3	3	(1)
66	苯系物	1. 气相色谱法	0.005 mg/L	3	3	GB 11890—1989
		2. 吹脱捕集气相色谱法	0.002~0.003 μg/L	3	4	(1)
		3. GC-MS 法	0.01~0.02 μg/L	3	3	(1)
67	氯苯类	1. 气相色谱法(1,2-二氯苯、1,4-二氯苯、1,2,4-三氯苯)	1~5 μg/L	3	1	GB/T 17131—1997
		2. 气相色谱法	0.5~5 μg/L	3	1	(1)
		3. GC-MS 法	0.02~0.08 μg/L	3	3	(1)
68	苯胺类	1. N-(1-萘基)乙二胺偶氮分光光度法	0.03 mg/L	3	3	GB 11889—1989
		2. 气相色谱法	0.01 mg/L	3	3	(1)
		3. 高效液相色谱法	0.3~1.3 μg/L	3	2	(1)
69	丙烯腈和丙烯醛	1. 气相色谱法	0.6 mg/L	3	1	HJ/T 73—2001
		2. 吹脱捕集气相色谱法	0.5~0.7 μg/L	3	1	(1)
70	邻苯二甲酸酯(二丁酯,二辛酯)	1. 气相色谱法	0.01 mg/L	3	3	
		2. 高效液相色谱法	0.1~0.2 μg/L	3	2	HJ/T 72— 2001
71	甲醛	1. 乙酰丙酮光度法	0.05 mg/L	3	2	GB 13197—1991
		2. 变色酸光度法	0.1 mg/L	3	2	(1)
72	苯酚类	气相色谱法	0.03 mg/L	3	3	GB 8972—1988
73	硝基苯类	1. 气相色谱法	0.2~0.3 μg/L	3	3	GB 13194—1991
		2. 还原-偶氮光度法(一硝基和二硝基化合物)	0.20 mg/L	3	2	(1)
		3. 氯代十六烷基吡啶光度法(三硝基化合物)	0.50 mg/L	3	2	(1)
74	烷基汞	气相色谱法	20 ng/L	3	0	GB 14204—1993
75	甲基汞	气相色谱法	0.01 ng/L	3	3	GB/T 17132—1997

项目1 地表水和污水监测

(续)

序号	监测项目	分析方法	最低检出浓度(量)	有效数字最多位数	小数点后最多位数(5)	备注
76	有机磷农药	1. 气相色谱法（乐果、对硫磷、甲基对硫磷、马拉硫磷、敌敌畏、敌百虫）	0.05~0.5 μg/L	3	2	GB 13192—1991
		2. 气相色谱法（速灭磷、甲拌磷、二嗪农、异稻瘟净、甲基对硫磷、杀螟硫磷、溴硫磷、水胺硫磷、稻丰散、杀扑磷）	0.0002~0.0058 μg/L	3	5	GB/T 14552—1993
77	有机氯农药	1. 气相色谱法	4~200 ng/L	3	0	GB 7492—1987
		2. GC-MS法	0.5~1.6 ng/L	3	1	(1)
78	苯并[a]芘	1. 乙酰化滤纸层析荧光分光光度法	0.004 μg/L	3	3	GB 11895—1989
		2. 高效液相色谱法	0.001 μg/L	3	4	HJ 478—2009
79	多环芳烃	高效液相色谱法（荧蒽、苯并[b]荧蒽、苯并[k]荧蒽、苯并[a]芘、苯并[ghi]芘、茚并[1,2,3-cd]芘）	ng/L级	3	2	HJ 478—2009
80	多氯联苯	GC-MS法	0.6~1.4 ng/L	3	1	(1)
81	三氯乙醛	1. 气相色谱法	0.3 ng/L	3	2	(1)
		2. 吡唑啉酮光度法	0.02 mg/L	3	3	(1)
82	可吸附有机卤素(AOX)	1. 微库仑法	0.05 mg/L	3	2	GB 15959—1995
		2. 离子色谱法	15 μg/L	3	0	(1)
83	丙烯酰胺	气相色谱法	0.15 μg/L	3		(2)
84	一甲基肼	对二甲氨基苯甲醛分光光度法	0.01 mg/L	3	3	GB 14375—1993
85	肼	对二甲氨基苯甲醛分光光度法	0.002 mg/L	3	3	GB/T 15507—1995
86	偏二甲基肼	氨基亚铁氰化钠分光光度法	0.005 mg	3	3	GB 14376—1993
87	三乙胺	溴酚蓝分光光度法	0.25 mg/L	3	2	GB 14377—1993
88	二乙烯三胺	水杨酸分光光度法	0.2 mg/L	3	1	GB 14378—1993
89	黑索今	分光光度法	0.05 mg/L	3	2	GB/T 13900—1992
90	二硝基甲苯	示波极谱法	0.05 mg/L	3	2	GB/T 13901—1992
91	硝化甘油	示波极谱法	0.02 mg/L	3	3	GB/T 13902—1992

（续）

序号	监测项目	分析方法	最低检出浓度(量)	有效数字最多位数	小数点后最多位数(5)	备注
92	梯恩梯	1. 分光光度法	0.05 mg/L	3	2	GB/T 13903—1992
		2. 亚硫酸钠分光光度法	0.1 mg/L	3	2	GB/T 13905—1992
93	梯恩梯黑索今地恩梯	气相色谱法	0.01~0.10 mg/L	3	3	GB/T 13904—1992
94	总硝基化合物	分光光度法	—	3	3	GB 4918—1985
95	总硝基化合物	气相色谱法	0.005~0.05 mg/L	3	3	GB 4919—1985
96	五氯酚和五氯酚钠	1. 气相色谱法	0.04 μg/L	3	2	GB 8972—1989
		2. 藏红 T 分光光度法	0.01 mg/L	3	3	GB 9803—1988
97	阴离子洗涤剂	1. 电位滴定法	0.12 mg/L	4	2	GB 13199—1991
		2. 亚甲蓝分光光度法	0.50 mg/L	3	1	GB 7493—1987
98	吡啶	气相色谱法	0.031 mg/L	3	3	GB 14672—1993
99	微囊藻毒素-LR	高效液相色谱法	0.01 μg/L	3	3	(2)
100	粪大肠菌群	1. 发酵法	—	—	—	(1)
		2. 滤膜法	—	—	—	(1)
101	细菌总数	培养法	—	—	—	(1)

注：(1) 引自《水和废水监测分析方法》(第四版). 北京：中国环境科学出版社，2002。
(2) 引自《生活饮用水卫生规范》. 中华人民共和国卫生部，2001。
(3) 我国尚没有标准方法或达不到检测限的一些监测项目，可采用 ISO、美国 EPA 或日本 JIS 相应的标准方法，但在测定实际水样之前，要进行适用性检验，检验内容包括：检测限、最低检出浓度、精密度、加标回收率等，并在报告数据时作为附件同时上报。
(4) COD、高锰酸盐指数等项目，可使用快速法或现场检测法，但须进行适用性检验。
(5) 小数点后最多位数是根据最低检出浓度(量)的单位选定的，如单位改变，其相应的小数点后最多位数也随之改变。
(6) 引自《水和废水监测分析方法》(第三版). 北京：中国环境科学出版社，1989。

项目 2 土壤环境监测

【项目描述】

本项目主要训练土壤环境监测的布点采样、样品制备、分析方法、结果表征、资料统计和质量评价等内容,为阅读者提供土壤监测的步骤和技术要求。

本项目适用于区域土壤背景、农田土壤环境、建设项目土壤环境评价、土壤污染事故等类型的监测。

本项目的编写引用以下标准和规范:

GB 6266 土壤中氧化稀土总量的测定 对马尿酸偶氮氯膦分光光度法

LY/T 1239—1999 森林土壤 pH 测定

GB/T 8170—2008 数值修约规则

GB 10111—2008 随机数的产生及随机抽样检验的办法

HJ 478—2009 六种特定多环芳烃测定 高效液相色谱法

GB 15618—2018 土壤环境质量标准

GB/T 1.1 标准化工作导则 第一部分:标准的结构和编写规则

GB/T 14550—2003 土壤质量 六六六和滴滴涕的测定 气相色谱法

GB/T 17134—1997 土壤质量 总砷的测定 二乙基二硫代氨基甲酸银分光光度法

GB/T 17135—1997 土壤质量 总砷的测定 硼氢化钾—硝酸银分光光度法

GB/T 17136—1997 土壤质量 总汞的测定 冷原子吸收分光光度法

HJ 491—2009 土壤质量 总铬的测定 火焰原子吸收分光光度法

GB/T 17138—1997 土壤质量 铜、锌的测定 火焰原子吸收分光光度法

GB/T 17140—1997 土壤质量 铅、镉的测定 KI-MIBK 萃取火焰原子吸收分光光度法

GB/T 17141—1997 土壤质量 铅、镉的测定 石墨炉原子吸收分光光度法

JJF 1059.1—2012 测量不确定度评定与表示

NY/T 395—2017 农田土壤环境质量监测技术规范

【学习目标】

知识目标

1. 掌握土壤环境监测的布点采样、样品制备、分析方法;
2. 掌握土壤监测的步骤和技术要求;
3. 熟悉土壤监测结果表征、资料统计和质量评价。

能力目标

1. 会根据现场情况进行监测样点的布设；
2. 能够熟练进行土壤样品的制备与分析；
3. 会对土壤监测结果进行统计与评价。

素质目标

1. 具备独立阅读文献、分析总结、提升完善的能力；
2. 通过测定结果的分析与综合评价，发展表达和评价能力。

【基本概念】

土壤

连续覆被于地球陆地表面具有肥力的疏松物质，是随着气候、生物、母质、地形和时间因素变化而变化的历史自然体。

土壤环境

地球环境由岩石圈、水圈、土壤圈、生物圈和大气圈构成，土壤位于该系统的中心，既是各圈层相互作用的产物，又是各圈层物质循环与能量交换的枢纽。受自然和人为作用，内在或外显的土壤状况称之为土壤环境。

土壤背景

区域内很少受人类活动影响和不受或未明显受现代工业污染与破坏的情况下，土壤原来固有的化学组成和元素含量水平。但实际上目前已经很难找到不受人类活动和污染影响的土壤，只能去找影响尽可能少的土壤。不同自然条件下发育的不同土类或同一种土类发育于不同的母质母岩区，其土壤环境背景值也有明显差异；即使是同一地点采集的样品，分析结果也不可能完全相同。因此，土壤环境背景值是统计性的。

农田土壤

用于种植各种粮食作物、蔬菜、水果、纤维和糖料作物、油料作物及农区森林、花卉、药材、草料等作物的农业用地土壤。

监测单元

按地形—成土母质—土壤类型—环境影响划分的监测区域范围。

土壤采样点

监测单元内实施监测采样的地点。

土壤剖面

按土壤特征，将表土竖直向下的土壤平面划分成的不同层面的取样区域，在各层中部位多点取样，等量混匀。或根据研究的目的采取不同层的土壤样品。

土壤混合样

在农田耕作层采集若干点的等量耕作层土壤并经混合均匀后的土壤样品，组成混合样的分点数要在5~20个。

监测类型

根据土壤监测目的，土壤环境监测有4种主要类型：区域土壤环境背景监测、农田土壤环境质量监测、建设项目土壤环境评价监测和土壤污染事故监测。

训练任务 1　采样准备

1.1　组织准备
采样前组织学习有关技术文件，了解监测技术规范。

1.2　资料收集
收集包括监测区域土类、成土母质等土壤信息资料。
收集工程建设或生产过程对土壤造成影响的环境研究资料。
收集造成土壤污染事故的主要污染物的毒性、稳定性以及如何消除等资料。
收集土壤历史资料和相应的法律(法规)。
收集监测区域工农业生产及排污、污灌、化肥农药施用情况资料。
收集监测区域气候资料(温度、降水量和蒸发量)、水文资料。
收集监测区域遥感与土壤利用及其演变过程方面的资料等。

1.3　现场调查
现场踏勘，将调查得到的信息进行整理和利用，丰富采样工作图的内容。

1.4　组织准备
工具类：铁锹、铁铲、圆状取土钻、螺旋取土钻、竹片以及适合特殊采样要求的工具等。
器材类：GPS、罗盘、照相机、胶卷、卷尺、铝盒、样品袋、样品箱等。
文具类：样品标签、采样记录表、铅笔、资料夹等。
安全防护用品：工作服、工作鞋、安全帽、药品箱等。
采样用车辆。

1.5　监测项目与频次
监测项目分常规项目、特定项目和选测项目；监测频次与其相应。
常规项目：原则上为 GB 15618—2018《土壤环境质量标准》中所要求控制的污染物。
特定项目：GB 15618—2018《土壤环境质量标准》中未要求控制的污染物，但根据当地环境污染状况，确认在土壤中积累较多、对环境危害较大、影响范围广、毒性较强的污染物，或者污染事故对土壤环境造成严重不良影响的物质，具体项目由各地自行确定。
选测项目：一般包括新纳入的在土壤中积累较少的污染物、由于环境污染导致土壤性状发生改变的土壤性状指标以及生态环境指标等，由各地自行选择测定。
土壤监测项目与监测频次见表 2-1 所列。监测频次原则上按表 2-1 执行，常规项目可按当地实际适当降低监测频次，但不可低于 5 年 1 次，选测项目可按当地实际适当提高监测频次。

表 2-1　土壤监测项目与监测频次

项目类别		监测项目	监测频次
常规项目	基本项目	pH、阳离子交换量	每 3 年 1 次 农田在夏收或秋收后采样
	重点项目	镉、铬、汞、砷、铅、 铜、锌、镍、六六六、滴滴涕	
	POPs 与高毒类农药	苯、挥发性卤代烃、 有机磷农药、PCB、PAH 等	
	其他项目	结合态铝(酸雨区)、硒、钒、 氧化稀土总量、钼、铁、锰、镁、 钙、钠、铝、硅、放射性比活度等	
特定项目(污染事故)		特征项目	及时采样，根据污染物变化趋势决定监测频次
选测项目	影响产量项目	全盐量、硼、氟、氮、磷、钾等	每 3 年监测 1 次 农田在夏收或秋收后采样
	污水灌溉项目	氰化物、六价铬、挥发酚、烷基汞、 苯并[a]芘、有机质、硫化物、石油类等	

项目 2　土壤环境监测

训练任务 2　布点

2.1　"随机"和"等量"原则

样品是由总体中随机采集的一些个体所组成，个体之间存在变异，因此样品与总体之间，既存在同质的"亲缘"关系，样品可作为总体的代表，但同时也存在着一定程度的异质性，差异越小，样品的代表性越好，反之亦然。为了达到采集的监测样品具有好的代表性，必须避免一切主观因素，使组成总体的个体有同样的机会被选入样品，即组成样品的个体应当是随机地取自总体。另一方面，在一组需要相互之间进行比较的样品应当由同样的个体组成，否则样本大的个体所组成的样品，其代表性会大于样本少的个体组成的样品。所以"随机"和"等量"是决定样品具有同等代表性的重要条件。

2.2　布点方法

2.2.1　简单随机

将监测单元分成网格，每个网格编上号码，决定采样点样品数后，随机抽取规定的样品数的样品，其样本号码对应的网格号，即为采样点。随机数的获得可以利用掷骰子、抽签、查随机数表的方法。关于随机数骰子的使用方法可见 GB/T 10111—2008《随机数的产生及其在产品质量抽样检验中的应用程序》。简单随机布点是一种完全不带主观限制条件的布点方法。

2.2.2　分块随机

根据收集的资料，如果监测区域内的土壤有明显的几种类型，则可将区域分成几块，每块内污染物较均匀，块间的差异较明显。将每块作为一个监测单元，在每个监测单元内再随机布点。在正确分块的前提下，分块布点的代表性比简单随机布点好，如果分块不正确，分块布点的效果可能会适得其反。

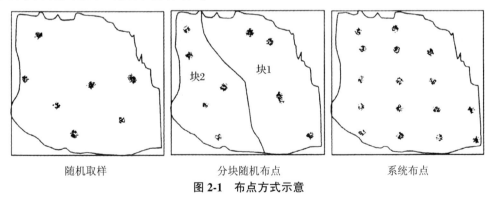

图 2-1　布点方式示意

2.2.3　系统随机

将监测区域分成面积相等的几部分（网格划分），每网格内布设一采样点，这种布点称为系统随机布点。如果区域内土壤污染物含量变化较大，系统随机布点比简单随机布点所采样品的代表性要好。

训练任务 3　样品采集

样品采集一般按 3 个阶段进行。

前期采样：根据背景资料与现场考察结果，采集一定数量的样品分析测定，用于初步验证污染物空间分异性和判断土壤污染程度，为制定监测方案（选择布点方式和确定监测项目及样品数量）提供依据，前期采样可与现场调查同时进行。

正式采样：按照监测方案，实施现场采样。

补充采样：正式采样测试后，发现布设的样点没有满足总体设计需要，则要进行增设采样点补充采样。

面积较小的土壤污染调查和突发性土壤污染事故调查可直接采样。

3.1　区域环境背景土壤采样

3.1.1　采样单元

采样单元的划分，全国土壤环境背景值监测一般以土类为主，省（自治区、直辖市）级的土壤环境背景值监测以土类和成土母质母岩类型为主，省级以下或条件许可或特别工作需要的土壤环境背景值监测可划分到亚类或土属。

3.1.2　网格布点

网格间距 L 按下式计算：

$$L = \left(\frac{A}{N}\right)^{\frac{1}{2}}$$

式中　L——网格间距；
　　　A——采样单元面积；
　　　N——采样点数（同"基础样品数量"）。

A 和 L 的量纲要相匹配，如 A 的单位是 km^2，则 L 的单位就为 km。根据实际情况可适当减小网格间距，适当调整网格的起始经纬度，避开过多网格落在道路或河流上，使样品更具代表性。

3.1.3　野外选点

首先采样点的自然景观应符合土壤环境背景值研究的要求。采样点选在被采土壤类型特征明显的地方，地形相对平坦、稳定、植被良好的地点；坡脚、洼地等具有从属景观特征的地点不设采样点；城镇、住宅、道路、沟渠、粪坑、坟墓附近等处人为干扰大，失去土壤的代表性，不宜设采样点，采样点离铁路、公路至少 300 m 以上；采样点以剖面发育完整、层次较清楚、无侵入体为准，不在水土流失严重或表土被破坏处设采样点；选择不施或少施化肥、农药的地块作为采样点，以使样品点尽可能少受人为活动的影响；不在多种土类、多种母质母岩交错分布、面积较小的边缘地区布设采样点。

3.1.4　采样

采样点可采表层样或土壤剖面。一般监测采集表层土，采样深度 0~20 cm，特殊要求的监测（土壤背景、环评、污染事故等）必要时选择部分采样点采集剖面样品。剖面的规格一般为长 1.5 m，宽 0.8 m，深 1.2 m。挖掘土壤剖面要使观察面向阳，表土和底土分两侧放置。

一般每个剖面采集 A、B、C 三层土样。地下水位较高时，剖面挖至地下水出露时为止；山地丘陵土层较薄时，剖面挖至风化层。

对 B 层发育不完整(不发育)的山地土壤，只采 A、C 两层。

干旱地区剖面发育不完善的土壤，在表层 5~20 cm、心土层 50 cm、底土层 100 cm 左右采样。

水稻土按照 A 耕作层、P 犁底层、C 母质层(或 G 潜育层、W 潴育层)分层采样(图 2-2)，对 P 层太薄的剖面，只采 A、C 两层(或 A、G 层或 A、W 层)。

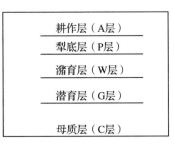

图 2-2 水稻土剖面示意

对 A 层特别深厚、沉积层不甚发育、1 m 内见不到母质的土类剖面，按 A 层 5~20 cm、A/B 层 60~90 cm、B 层 100~200 cm 采集土壤。草甸土和潮土一般在 A 层 5~20 cm、C_1 层(或 B 层)50 cm、C_2 层 100~120 cm 处采样。

采样次序自下而上，先采剖面的底层样品，再采中层样品，最后采上层样品。测量重金属的样品尽量用竹片或竹刀去除与金属采样器接触的部分土壤，再用其取样。

剖面每层样品采集 1 kg 左右，装入样品袋，样品袋一般由棉布缝制而成，如潮湿样品可内衬塑料袋(供无机化合物测定)或将样品置于玻璃瓶内(供有机化合物测定)。采样的同时，由专人填写样品标签、采样记录；标签一式两份，一份放入袋中，一份系在袋口，标签上标注采样时间、地点、样品编号、监测项目、采样深度和经纬度。采样结束，需逐项检查采样记录、样袋标签和土壤样品，如有缺项和错误，及时补齐更正。将底土和表土按原层回填到采样坑中，方可离开现场，并在采样示意图上标出采样地点，避免下次在相同处采集剖面样。

标签和采样记录格式见表 2-2、表 2-3 和图 2-3。

表 2-2 土壤样品标签样式

土壤样品标签
样品编号：
采用地点：
东经   北纬
采样层次：
特征描述：

(续)

| 采样深度： |
| 监测项目： |
| 采样日期： |
| 采样人员： |

表 2-3　土壤现场记录表

采用地点		东经		北纬	
样品编号		采样日期			
样品类别		采样人员			
采样层次		采样深度/cm			
样品描述	土壤颜色		植物根系		
	土壤质地		沙砾含量		
	土壤湿度		其他异物		
采样点示意			自下而上		
			植被描述		

注：(1)土壤颜色可采用门塞尔比色卡比色，也可按土壤颜色三角表进行描述。颜色描述可采用双名法，主色在后，副色在前，如黄棕、灰棕等。颜色深浅还可以冠以暗、淡等形容词，如浅棕、暗灰等。

(2)土壤质地分为砂土、壤土(砂壤土、轻壤土、中壤土、重壤土)和黏土，野外估测方法为取小块土壤，加水潮润，然后揉搓，搓成细条并弯成直径为 2.5~3 cm 的土环，据土环表现的性状确定质地。

砂土：不能搓成条；

砂壤土：只能搓成短条；

轻壤土：能搓成直径为 3 mm 的条，但易断裂；

中壤土：能搓成完整的细条，弯曲时容易断裂；..

重壤土：能搓成完整的细条，弯曲成圆圈时容易断裂；

黏土：能搓成完整的细条，能弯曲成圆圈。

(3)土壤湿度的野外估测，一般可分为 5 级：

干：土块放在手中，无潮润感觉；

潮：土块放在手中，有潮润感觉；

湿：手捏土块，在土团上留有手印；

重潮：手捏土块时，在手指上留有湿印；

极潮：手捏土块时，有水流出。

(4)植物根系含量的估计可分为 5 级：

无根系：在该土层中无任何根系；

少量：在该土层每 50 cm^2 内少于 5 根；

中量：在该土层每 50 cm^2 内有 5~15 根；

多量：该土层每 50 cm^2 内多于 15 根；

根密集：在该土层中根系密集交织。

(5)石砾含量以石砾量占该土层的体积百分数估计。

图 2-3 土壤颜色三角表

3.2 农田土壤采样

3.2.1 监测单元

土壤环境监测单元按土壤主要接纳污染物途径可划分为：

(1)大气污染型土壤监测单元。

(2)灌溉水污染型土壤监测单元。

(3)固体废物堆污染型土壤监测单元。

(4)农用固体废物污染型土壤监测单元。

(5)农用化学物质污染型土壤监测单元。

(6)综合污染型土壤监测单元(污染物主要来自上述两种以上途径)。

监测单元划分要参考土壤类型、农作物种类、耕作制度、商品生产基地、保护区类型、行政区划等要素的差异，同一单元的差别应尽可能地缩小。

3.2.2 布点

根据调查目的、调查精度和调查区域环境状况等因素确定监测单元。部门专项农业产品生产土壤环境监测布点按其专项监测要求进行。

大气污染型土壤监测单元和固体废物堆污染型土壤监测单元以污染源为中心放射状布点，在主导风向和地表水的径流方向适当增加采样点(离污染源的距离远于其他点)；灌溉水污染监测单元、农用固体废物污染型土壤监测单元和农用化学物质污染型土壤监测单元采用均匀布点；灌溉水污染监测单元采用按水流方向带状布点，采样点自纳污口起由密渐疏；综合污染型土壤监测单元布点采用综合放射状、均匀、带状布点法。

3.2.3 样品采集

3.2.3.1 剖面样

特定的调查研究监测需了解污染物在土壤中的垂直分布时采集土壤剖面样，采样方法同区域环境背景土壤采样。

3.2.3.2 混合样

一般农田土壤环境监测采集耕作层土样，种植一般农作物采 0~20 cm，种植果林类农作物采 0~60 cm。为了保证样品的代表性，减低监测费用，采取采集混合样的方案。每个土壤单元设 3~7 个采样区，单个采样区可以是自然分割的一个田块，也可以由多个田块所构成，其范围以 200 m×200 m 左右为宜。每个采样区的样品为农田土壤混合样。混合样的采集主要有 4 种方法(图 2-4)：

(1)对角线法

适用于污灌农田土壤，对角线分 5 点，以这些点为采样分点。

(2)梅花点法

适用于面积较小、地势平坦、土壤组成和受污染程度相对比较均匀的地块,设分点 5 个左右。

(3)棋盘式法

适宜中等面积、地势平坦、土壤不够均匀的地块,设分点 10 个左右;受污泥、垃圾等固体废物污染的土壤,分点应在 20 个以上。

(4)蛇形法

适宜于面积较大、土壤不够均匀且地势不平坦的地块,设分点 15 个左右,多用于农业污染型土壤。各分点混匀后用四分法取 1 kg 土样装入样品袋,多余部分弃去。做好样品标签和采样记录。

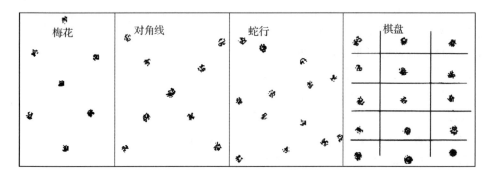

图 2-4 混合土壤采样点布设示意

3.3 建设项目土壤环境评价监测采样

每 100 hm² 占地不少于 5 个且总数不少于 5 个采样点,其中小型建设项目设 1 个柱状样采样点,大中型建设项目不少于 3 个柱状样采样点,特大型建设项目或对土壤环境影响敏感的建设项目不少于 5 个柱状样采样点。

3.3.1 非机械干扰土

如果建设工程或生产没有翻动土层,表层土受污染的可能性最大,但不排除对中下层土壤的影响。生产或者将要生产导致的污染物,以工艺烟雾(尘)、污水、固体废物等形式污染周围土壤环境,采样点以污染源为中心放射状布设为主,在主导风向和地表水的径流方向适当增加采样点(离污染源的距离远于其他点);以水污染型为主的土壤按水流方向带状布点,采样点自纳污口起由密渐疏;综合污染型土壤监测布点采用综合放射状、均匀、带状布点法。此类监测不采混合样,混合样虽然能降低监测费用,但损失了污染物空间分布的信息,不利于掌握工程及生产对土壤影响状况。

表层土样采集深度 0~20 cm;每个柱状样取样深度都为 100 cm,分取 3 个土样:表层样(0~20 cm)、中层样(20~60 cm)、深层样(60~100 cm)。

3.3.2 机械干扰土

由于建设工程或生产中,土层受到翻动影响,污染物在土壤纵向分布不同于非机械干扰土。采样点布设同非机械干扰土。各点取 1 kg 装入样品袋,样品标签和采样记录等同区域环境背景土采样。采样总深度由实际情况而定,一般同剖面样的采样深度,确定采样深度有 3 种方法可供参考。

3.3.2.1 随机深度采样

本方法适合土壤污染物水平方向变化不大的土壤监测单元，采样深度按下列公式计算：

$$深度 = 剖面土壤总深 \times RN$$

其中，RN 为 0~1 之间的随机数。RN 由随机数骰子法产生，GB/T 10111—2008 推荐的随机数骰子是由均匀材料制成的正 20 面体，在 20 个面上，0~9 各数字都出现两次，使用时根据需产生的随机数的位数选取相应的骰子数，并规定好每种颜色的骰子各代表的位数。对于本书用一个骰子，其出现的数字除以 10 即为 RN，当骰子出现的数为 0 时规定此时的 RN 为 1。

示例：

土壤剖面深度（H）1.2 m，用一个骰子决定随机数。

若第一次掷骰子得随机数（n_1）6，则：

$$RN_1 = (n_1)/10 = 0.6$$

采样深度（H_1）= $H \times RN_1$ = 1.2 × 0.6 = 0.72（m）

即第一个点的采样深度离地面 0.72 m；

若第二次掷骰子得随机数（n_2）3，则：

$$RN_1 = (n_2)/10 = 0.3$$

采样深度（H_2）= $H \times RN_2$ = 1.2 × 0.3 = 0.36（m）

即第二个点的采样深度离地面 0.36 m；

若第三次掷骰子得随机数（n_3）8，同理可得第三个点的采样深度离地面 0.96 m；

若第四次掷骰子得随机数（n_4）0，则：

$$RN_4 = 1（规定当随机数为 0 时 RN 取 1）$$

采样深度（H_4）= $H \times RN_4$ = 1.2 × 1 = 1.2（m）

即第四个点的采样深度离地面 1.2 m；

依此类推，直至决定所有点采样深度为止（图 2-5）。

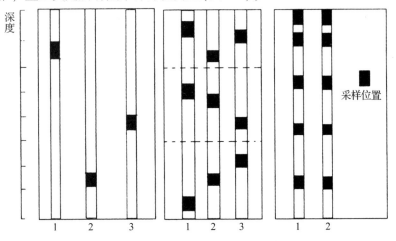

图 2-5　机械干扰土采样方式示意

（左图为随机深度采样，中图为分层随机深度采样，右图为规定深度采样）

3.3.2.2 分层随机深度采样

本采样方法适合绝大多数的土壤采样,土壤纵向(深度)分成3层,每层采一样品,每层的采样深度按下列公式计算:

$$深度 = 每层土壤深 \times RN$$

3.3.2.3 规定深度采样

本采样适合预采样(为初步了解土壤污染随深度的变化,制定土壤采样方案)和挥发性有机物的监测采样,表层多采,中下层等间距采样。

3.4 城市土壤采样

城市土壤是城市生态的重要组成部分,虽然城市土壤不用于农业生产,但其环境质量对城市生态系统影响极大。城区内大部分土壤被道路和建筑物覆盖,只有小部分土壤栽植草木,本书中城市土壤主要是指后者,由于其复杂性分两层采样,上层(0~30 cm)可能是回填土或受人为影响大的部分,另一层(30~60 cm)为人为影响相对较小部分。两层分别取样监测。

城市土壤监测点以网距2000 m的网格布设为主,功能区布点为辅,每个网格设一个采样点。对于专项研究和调查的采样点可适当加密。

3.5 污染事故监测土壤采样

污染事故不可预料,接到举报后应立即组织采样。现场调查和观察,取证土壤被污染时间,根据污染物及其对土壤的影响确定监测项目,尤其是污染事故的特征污染物是监测的重点。据污染物的颜色、印渍和气味,以及结合考虑地势、风向等因素初步界定污染事故对土壤的污染范围。

如果是固体污染物抛洒污染型,等打扫后采集表层5 cm土样,采样点数不少于3个。

如果是液体倾翻污染型,污染物向低洼处流动的同时向深度方向渗透并向两侧横向方向扩散,每个点分层采样,事故发生点样品点较密,采样深度较深,离事故发生点相对远处样品点较疏,采样深度较浅。采样点不少于5个。

如果是爆炸污染型,以放射性同心圆方式布点,采样点不少于5个,爆炸中心采分层样,周围采表层土(0~20 cm)。

污染事故土壤监测要设定2~3个背景对照点,各点(层)取1 kg土样装入样品袋,有腐蚀性或要测定挥发性化合物,改用广口瓶装样。含易分解有机物的待测定样品,采集后置于低温(冰箱)中,直至运送、移交到分析室。

3.6 样品流转

装运前核对。在采样现场样品必须逐件与样品登记表、样品标签和采样记录进行核对,核对无误后分类装箱。

运输中防损。运输过程中严防样品的损失、混淆和玷污。对光敏感的样品应有避光外包装。

样品交接。由专人将土壤样品送到实验室,送样者和接样者双方同时清点核实样品,并在样品交接单上签字确认,样品交接单由双方各存一份备查。

训练任务 4　样品制备和保存

4.1　制样工作室要求

分设风干室和磨样室。风干室朝南(严防阳光直射土样),通风良好,整洁,无尘,无易挥发性化学物质。

4.2　制样工具及容器

风干用白色搪瓷盘及木盘;

粗粉碎用木锤、木棍、木棒、有机玻璃棒、有机玻璃板、硬质木板、无色聚乙烯薄膜;

磨样用玛瑙研磨机(球磨机)或玛瑙研钵、白色瓷研钵;

过筛用尼龙筛,规格为 2~100 目;

装样用具塞磨口玻璃瓶、具塞无色聚乙烯塑料瓶或特制牛皮纸袋,规格视量而定。

4.3　制样程序

制样者与样品管理员同时核实清点、交接样品,在样品交接单上双方签字确认。

4.3.1　风干

在风干室将土样放置于风干盘中,摊成 2~3 cm 的薄层,适时地压碎、翻动,拣出碎石、沙砾、植物残体。

4.3.2　样品粗磨

在磨样室将风干的样品倒在有机玻璃板上,用木锤敲打,用木滚、木棒、有机玻璃棒再次压碎,拣出杂质,混匀,并用四分法取压碎样,过孔径 0.25 mm(20 目)尼龙筛。过筛后的样品全部置无色聚乙烯薄膜上,并充分搅拌混匀,再采用四分法取其中两份,一份交样品库存放,另一份作样品的细磨用。粗磨样可直接用于土壤 pH、阳离子交换量、元素有效态含量等项目的分析。

4.3.3　样品细磨

用于细磨的样品再用四分法分成两份,一份研磨到全部过孔径 0.25 mm(60 目)筛,用于农药或土壤有机质、土壤全氮量等项目分析;另一份研磨到全部过孔径 0.15 mm(100 目)筛,用于土壤元素全量分析。制样过程如图 2-6 所示。

4.3.4　样品分装

研磨混匀后的样品,分别装于样品袋或样品瓶,填写土壤标签一式两份,瓶内或袋内一份,瓶外或袋外贴一份。

4.3.5　注意事项

(1)制样过程中采样时的土壤标签与土壤始终放在一起,严禁混错,样品名称和编码始终不变。

(2)制样工具每处理一份样后要擦抹(洗)干净,严防交叉污染。

(3)分析挥发性、半挥发性有机物或可萃取有机物无需上述制样,用新鲜样按特定的方法进行样品前处理。

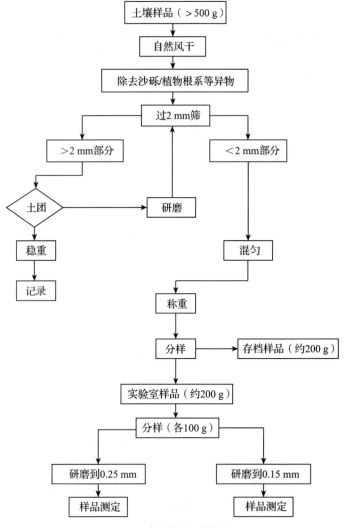

图 2-6 常规监测制样过程

4.4 制样保存

按样品名称、编号和粒径分类保存。

4.4.1 新鲜样品的保存

对于易分解或易挥发等不稳定组分的样品要采取低温保存的运输方法,并尽快送到实验室分析测试。测试项目需要新鲜样品的土样,采集后用可密封的聚乙烯或玻璃容器在4℃以下避光保存,样品要充满容器。避免用含有待测组分或对测试有干扰的材料制成的容器盛装保存样品,测定有机污染物用的土壤样品要选用玻璃容器保存。具体保存条件见表2-4所列。

表 2-4 新鲜样品的保存条件和保存时间

测试项目	容器材质	温度/℃	可保存时间/d	备注
金属(汞和六价铬除外)	聚乙烯、玻璃	<4	180	
汞	玻璃	<4	28	
砷	聚乙烯、玻璃	<4	180	
六价铬	聚乙烯、玻璃	<4	1	
氰化物	聚乙烯、玻璃	<4	2	
挥发性有机物	玻璃(棕色)	<4	7	采样瓶装满装实并密封
半挥发性有机物	玻璃(棕色)	<4	10	采样瓶装满装实并密封
难挥发性有机物	玻璃(棕色)	<4	14	

4.4.2 预留样品

预留样品在样品库造册保存。

4.4.3 分析取用后的剩余样品

分析取用后的剩余样品，待测定全部完成数据报出后，也移交样品库保存。

4.4.4 保存时间

分析取用后的剩余样品一般保留半年，预留样品一般保留 2 年。特殊、珍稀、仲裁、有争议样品一般要永久保存。

4.4.5 样品库要求

保持干燥、通风、无阳光直射、无污染；要定期清理样品，防止霉变、鼠害及标签脱落。样品入库、领用和清理均需记录。

训练任务 5　土壤分析测定、记录与报告

5.1　测定项目

分常规项目、特定项目和选测项目,见训练任务 1　采样准备中的"监测项目与频次"。

5.2　样品处理

土壤与污染物种类繁多,不同的污染物在不同土壤中的样品处理方法及测定方法各异。同时要根据不同的监测要求和监测目的,选定样品处理方法。

仲裁监测必须选定《土壤环境质量标准》中选配的分析方法中规定的样品处理方法,其他类型的监测优先使用国家土壤测定标准,《土壤环境质量标准》中没有的项目或国家土壤测定方法标准暂缺项目则可使用等效测定方法中的样品处理方法。

由于土壤组成的复杂性和土壤物理化学性状(pH、Eh 等)差异,造成重金属及其他污染物在土壤环境中形态的复杂和多样性。金属不同形态,其生理活性和毒性均有差异,其中以有效态和交换态的活性、毒性最大,残留态的活性、毒性最小,而其他结合态的活性、毒性居中。部分形态分析的样品处理方法见附录 A　土壤样品预处理方法。

一般区域背景值调查和《土壤环境质量标准》中重金属测定的是土壤中的重金属全量(除特殊说明,如六价铬),其测定土壤中金属全量的方法见相应的分析方法,其等效方法也可参见附录 A　土壤样品预处理方法。测定土壤中有机物的样品处理方法见相应分析方法,原则性的处理方法参见附录 A　土壤样品预处理方法。

5.3　分析方法

方法一:标准方法即仲裁方法,见表 2-5 所列。

方法二:由权威部门规定或推荐的方法。

方法三:根据各地实情,自选等效方法,但应作标准样品验证或比对实验,其检出限、准确度、精密度不低于相应的通用方法要求水平或待测物准确定量的要求。

土壤监测项目与分析方法一、方法二和方法三汇总见表 2-6 所列。

表 2-5　土壤常规监测项目及分析方法

监测项目	监测仪器	监测方法	方法来源
镉	原子吸收光谱仪	石墨炉原子吸收分光光度法	GB/T 17141—1997
	原子吸收光谱仪	KI-MIBK 萃取原子吸收分光光度法	GB/T 17140—1997
汞	测汞仪	冷原子吸收法	GB/T 17136—1997
砷	分光光度计	二乙基二硫代氨基甲酸银分光光度法	GB/T 17134—1997
	分光光度计	硼氢化钾-硝酸银分光光度法	GB/T 17135—1997
铜	原子吸收光谱仪	火焰原子吸收分光光度法	GB/T 17138—1997

（续）

监测项目	监测仪器	监测方法	方法来源
铅	原子吸收光谱仪	石墨炉原子吸收分光光度法	GB/T 17141—1997
	原子吸收光谱仪	KI-MIBK 萃取原子吸收分光光度法	GB/T 17140—1997
铬	原子吸收光谱仪	火焰原子吸收分光光度法	HJ 491—2009
锌	原子吸收光谱仪	火焰原子吸收分光光度法	GB/T 17138—1997
镍	原子吸收光谱仪	火焰原子吸收分光光度法	GB/T 17139—1997
六六六和滴滴涕	气相色谱仪	电子捕获气相色谱法	GB/T 14550—2003
6 种多环芳烃	液相色谱仪	高效液相色谱法	HJ 478—2009
稀土总量	分光光度计	对苯甲酰甘氨酸偶氮氯膦分光光度法	GB 6260—1986
pH	pH 计	森林土壤 pH 测定	LY/T 1239—1999
阳离子交换量	滴定仪	乙酸铵法	①

注：①《土壤理化分析》，1978，中国科学院南京土壤研究所，上海科技出版社。

表 2-6 土壤监测项目与分析方法

监测项目	推荐方法	等效方法
砷	COL	HG-AAS、HG-AFS、XRF
镉	GF-AAS	POL、ICP-MS
钴	AAS	GF-AAS、ICP-AES、ICP-MS
铬	AAS	GF-AAS、ICP-AES、XRF、ICP-MS
铜	AAS	GF-AAS、ICP-AES、XRF、ICP-MS
氟	ISE	
汞	HG-AAS	HG-AFS
锰	AAS	ICP-AES、INAA、ICP-MS
镍	AAS	GF-AAS、XRF、ICP-AES、ICP-MS
铅	GF-AAS	ICP-MS、XRF
硒	HG-AAS	HG-AFS、DAN 荧光、GC
钒	COL	ICP-AES、XRF、INAA、ICP-MS
锌	AAS	ICP-AES、XRF、INAA、ICP-MS
硫	COL	ICP-AES、ICP-MS
pH	ISE	
有机质	VOL	
PCBs、PAHs	LC、GC	
阳离子交换量	VOL	

(续)

监测项目	推荐方法	等效方法
VOC	GC、GC-MS	
SVOC	GC、GC-MS	
除草剂和杀虫剂	GC、GC-MS、LC	
POPs	GC、GC-MS、LC、LC-MS	

注：ICP-AES：等离子发射光谱；XRF：X-荧光光谱分析；AAS：火焰原子吸收；GF-AAS：石墨炉原子吸收；HG-AAS：氢化物发生原子吸收法；HG-AFS：氢化物发生原子荧光法；POL：催化极谱法；ISE：选择性离子电极；VOL：容量法；POT：电位法；INAA：中子活化分析法；GC：气相色谱法；LC：液相色谱法；GC-MS：气相色谱-质谱联用法；COL：分光比色法；LC-MS：液相色谱-质谱联用法；ICP-MS：等离子体质谱联用法。

5.4 分析记录与监测报告

5.4.1 分析记录

分析记录一般要设计成记录本格式，页码、内容齐全，用碳素墨水笔填写详实，字迹要清楚，需要更正时，应在错误数据（文字）上画一横线，在其上方写上正确内容，并在所画横线上加盖修改者名章或者签字以示负责。

分析记录也可以设计成活页，随分析报告流转和保存，便于复核审查。

分析记录也可以是电子版本式的输出物（打印件）或存有其信息的磁盘、光盘等。

记录测量数据，要采用法定计量单位，只保留一位可疑数字，有效数字的位数应根据计量器具的精度及分析仪器的示值确定，不得随意增添或删除。

5.4.2 数据运算

有效数字的计算修约规则按 GB/T 8170—2008 执行。采样、运输、储存、分析失误造成的离群数据应剔除。

5.4.3 结果表示

平行样的测定结果用平均数表示，一组测定数据用 Dixon 法、Grubbs 法检验剔除离群值后以平均值报出；低于分析方法检出限的测定结果以"未检出"报出，参加统计时按 1/2 最低检出限计算。

土壤样品测定一般保留 3 位有效数字，含量较低的镉和汞保留 2 位有效数字，并注明检出限数值。分析结果的精密度数据，一般只取 1 位有效数字，当测定数据很多时，可取 2 位有效数字。表示分析结果的有效数字的位数不可超过方法检出限的最低位数。

5.4.4 监测报告

报告名称，实验室名称，报告编号，报告每页和总页数标识，采样地点名称，采样时间、分析时间，检测方法，监测依据，评价标准，监测数据，单项评价，总体结论，监测仪器编号，检出限（未检出时需列出），采样点示意图，采样（委托）者，分析者，报告编制、复核、审核和签发者及时间等内容。

训练任务6 土壤环境质量评价

土壤环境质量评价涉及评价因子、评价标准和评价模式。评价因子数量与项目类型取决于监测的目的和现实的经济和技术条件。评价标准常采用国家土壤环境质量标准、区域土壤背景值或部门(专业)土壤质量标准。评价模式常用污染指数法或者与其有关的评价方法。

6.1 污染指数、超标率(倍数)评价

土壤环境质量评价一般以单项污染指数为主，指数小污染轻，指数大污染则重。当区域内土壤环境质量作为一个整体与外区域进行比较或与历史资料进行比较时除用单项污染指数外，还常用综合污染指数。土壤由于地区背景差异较大，用土壤污染累积指数更能反映土壤的人为污染程度。土壤污染物分担率可评价确定土壤的主要污染项目，污染物分担率由大到小排序，污染物主次也同此序。除此之外，土壤污染超标倍数、样本超标率等统计量也能反映土壤的环境状况。污染指数和超标率等计算公式如下：

土壤单项污染指数 = 土壤污染物实测值/土壤污染物质量标准

土壤污染累积指数 = 土壤污染物实测值/污染物背景值

土壤污染物分担率(％) = (土壤某项污染指数/各项污染指数之和)×100％

土壤污染超标倍数 = (土壤某污染物实测值－某污染物质量标准)/某污染物质量标准

土壤污染样本超标率(％) = (土壤样本超标总数/监测样本总数)×100％

6.2 内梅罗污染指数评价

$$内梅罗污染指数(P_N) = \{[(PI_{均}^2) + (PI_{最大}^2)]/2\}^{1/2}$$

式中　$PI_{均}$ 和 $PI_{最大}$——分别是平均单项污染指数和最大单项污染指数。

内梅罗指数反映了各污染物对土壤的作用，同时突出了高浓度污染物对土壤环境质量的影响，可按内梅罗污染指数划定污染等级。内梅罗指数土壤污染评价标准见表2-7所列。

表2-7　土壤内梅罗污染指数评价标准

等级	内梅罗污染指数	污染等级
Ⅰ	$P_N \leq 0.7$	清洁(安全)
Ⅱ	$0.7 < P_N \leq 1.0$	尚清洁(警戒线)
Ⅲ	$1.0 < P_N \leq 2.0$	轻度污染
Ⅳ	$2.0 < P_N \leq 3.0$	中度污染
Ⅴ	$P_N > 3.0$	重度污染

6.3 背景值及标准偏差评价

用区域土壤环境背景值(x)95％置信度的范围($x \pm 2s$)来评价：

若土壤某元素监测值 $x_1 < x - 2s$，则该元素缺乏或属于低背景土壤；

若土壤某元素监测值在 $x \pm 2s$，则该元素含量正常；

若土壤某元素监测值 $x_1 > x + 2s$，则土壤已受该元素污染或属于高背景土壤。

6.4 综合污染指数法

综合污染指数（CPI）包含了土壤元素背景值、土壤元素标准尺度因素和价态效应综合影响。其表达式：

$$CPI = X \cdot (1 + RPE) + Y \cdot DDMB/(Z \cdot DDSB)$$

式中　CPI——综合污染指数；

　　　X、Y——分别为测量值超过标准值和背景值的数目；

　　　RPE——相对污染当量；

　　　$DDMB$——元素测定浓度偏离背景值的程度；

　　　$DDSB$——土壤标准偏离背景值的程度；

　　　Z——用作标准元素的数目。

主要有下列计算过程：

（1）计算相对污染当量（RPE）

$$RPE = \left[\sum_{i=1}^{N} (C_i/C_{is})^{1/n} \right]/N$$

式中　N——测定元素的数目；

　　　C_i——测定元素 i 的浓度；

　　　C_{is}——测定元素 i 的土壤标准值；

　　　n——测定元素 i 的氧化数。

对于变价元素，应考虑价态与毒性的关系，在不同价态共存并同时用于评价时，应在计算中注意高低毒性价态的相互转换，以体现由价态不同所构成的风险差异性。

（2）计算元素测定浓度偏离背景值的程度（$DDMB$）

$$DDMB = \left[\sum_{i=1}^{N} (C_i/C_{iB})^{1/n} \right]/N$$

式中　C_{iB}——元素 i 的背景值。

其余符号的意义同上。

（3）计算土壤标准偏离背景值的程度（$DDSB$）

$$DDSB = \left[\sum_{i=1}^{N} (C_{is}/C_{iB})^{1/n} \right]/Z$$

式中　Z——用于评价元素的个数。

其余符号的意义同上。

（4）综合污染指数计算（CPI）

（5）评价

用 CPI 评价土壤环境质量指标体系见表 2-8 所列。

表 2-8　综合污染指数（CPI）评价表

X	Y	CPI	评价
0	0	0	背景状态
0	≥1	0<CPI<1	未污染状态，数值大小表示偏离背景值相对程度
≥1	≥1	≥1	污染状态，数值越大表示污染程度相对越严重

(6)污染表征

$$_NT^X_{CPI}(a,b,c\cdots)$$

式中　X——超过土壤标准的元素数目；

a、b、c …——超标污染元素的名称；

N——测定元素的数目；

CPI——综合污染指数。

项目 3 危险废物鉴别

【项目描述】

本项目主要训练固体废物的危险特性鉴别中样品的采集和检测,以及检测结果的判断等内容。

本项目中的固体废物包括固态、半固态废物和液态废物(排入水体的废水除外)。

本项目适用于固体废物的危险特性鉴别,不适用于突发性环境污染事故产生的危险废物的应急鉴别。

本项目的编写引用以下标准和规范:

HJ/T 20 工业固体废物采样制样技术规范

GB 5085.1~7—2007 危险废物鉴别标准

【学习目标】

知识目标

1. 掌握固体废物的危险特性;
2. 掌握固体废物样品的采集和检测方法;
3. 熟悉固体废物检测结果的判断等内容。

能力目标

1. 会鉴别固体废物的危险特性;
2. 能够对固体废物进行样品采集与检测;
3. 能够对固体废物检测结果进行分析与判断。

素质目标

1. 形成严谨的工作作风;
2. 培养科学分工合作、优势互补的团队合作能力。

【基本概念】

份样

用采样器一次操作从一批的一个点或一个部位按规定质量所采取的工业固体废物。

份样数

从一批中所采取的份样个数。

份样量

构成一个份样的工业固体废物的质量。

固体废物产生量

产生固体废物的装置按设计生产能力满负荷运行时所产生的固体废物量。

颗粒物

燃料和其他物质在燃烧、合成、分解以及各种物料在机械处理中所产生的悬浮于排放气体中的固体和液体颗粒状物质。

训练任务 1　样品采集

1.1　采样对象的确定
对于正在产生的固体废物,应在确定的工艺环节采取样品。

1.2　份样数的确定
表 3-1 为需要采集的固体废物的最小份样数。

表 3-1　固体废物采集最小份样数

固体废物量(以 q 表示)/t	最小份样数/个	固体废物量(以 q 表示)/t	最小份样数/个
$q \leqslant 5$	5	$90 < q < 150$	32
$5 < q \leqslant 25$	8	$150 < q < 500$	50
$25 < q \leqslant 50$	13	$500 < q \leqslant 1000$	80
$50 < q \leqslant 90$	20	$q > 1000$	100

固体废物为历史堆存状态时,应以堆存的固体废物总量为依据,按照表 3-1 确定需要采集的最小份样数。

固体废物为连续产生时,应以确定的工艺环节一个月内的固体废物产生量为依据,按照表 3-1 确定需要采集的最小份样数。如果生产周期小于一个月,则以一个生产周期内的固体废物产生量为依据。

样品采集应分次在一个月(或一个生产周期)内等时间间隔完成;每次采样在设备稳定运行的 8 h(或一个生产班次)内等时间间隔完成。

固体废物为间歇产生时,应以确定的工艺环节一个月内的固体废物产生量为依据,按照表 3-1 确定需要采集的最小份样数。如果固体废物产生的时间间隔大于一个月,以每次产生的固体废物总量为依据,按照表 3-1 确定需要采集的份样数。

每次采集的份样数应满足下式要求:

$$n = \frac{N}{p}$$

式中　n ——每次采集的份样数;
　　　N ——需要采集的份样数;
　　　p ——一个月内固体废物的产生次数。

1.3　份样量的确定
固态废物样品采集的份样量应同时满足下列要求:
(1)满足分析操作的需要;
(2)依据固态废物的原始颗粒最大粒径,不小于表 3-2 中规定的质量。

表 3-2 不同颗粒直径的固态废物的一个份样所需采取的最小份样量

原始颗粒最大粒径(以 d 表示)/cm	最小份样量/g
$d \leq 0.50$	500
$0.50 < d \leq 1.0$	1000
$d > 10$	2000

半固态和液态废物样品采集的份样量应满足分析操作的需要。

1.4 采样方法

(1)固体废物采样工具、采样程序、采样记录和盛样容器参照 HJ/T 20 的要求进行。

(2)在采样过程中应采取必要的个人安全防护措施,同时应采取措施防止造成二次污染。

(3)固态、半固态废物样品应按照下列方法采集:

①连续产生 在设备稳定运行时的 8 h(或一个生产班次)内等时间间隔用勺式采样器采取样品。每采取一次,作为一个份样。

②带卸料口的贮罐(槽)装 应尽可能在卸除废物过程中采取样品;根据固体废物性状分别使用长铲式采样器、套筒式采样器或者探针进行采样。

当只能在卸料口采样时,应预先清洁卸料口,并适当排出废物后再采取样品。采样时,用布袋(桶)接住料口,按所需份样量等时间间隔放出废物。每接取一次废物,作为一个份样。

③板框压滤机 将压滤机各板框顺序编号,用 HJ/T 20 中的随机数表法抽取 N 个板框作为采样单元采取样品。采样时,在压滤脱水后取下板框,刮下废物。每个板框采取的样品作为一个份样。

④散状堆积 对于堆积高度小于或者等于 0.5 m 的散状堆积固态、半固态废物,将废物堆平铺成厚度为 10~15 cm 的矩形,划分为 $5N$ 个(N 为份样数,下同)面积相等的网格,顺序编号;用 HJ/T 20 中的随机数表法抽取 N 个网格作为采样单元,在网格中心位置处用采样铲或锹垂直采取全层厚度的废物。每个网格采取的废物作为一个份样。

对于堆积高度小于或者等于 0.5 m 的数个散状堆积固体废物,选择堆积时间最近的废物堆,按照散状堆积固体废物的采样方法进行采取。

对于堆积高度>0.5 m 的散状堆积固态、半固态废物,应分层采取样品;采样层数应不小于 2 层,按照固态、半固态废物堆积高度等间隔布置;每层采取的份样数应相等。分层采样可以用采样钻或者机械钻探的方式进行。

⑤贮存池 将贮存池(包括建筑于地上、地下、半地下的)划分为 $5N$ 个面积相等的网格,顺序编号;用 HJ/T 20 中的随机数表法抽取 N 个网格作为采样单元采取样品。采样时,在网格的中心处用土壤采样器或长铲式采样器垂直插入废物底部,旋转 90°后抽出。每采取一次,作为一个份样。

池内废物厚度大于或等于 2 m 时,应分为上部(深度为 0.3 m 处)、中部(1/2 深度处)、下部(5/6 深度处)3 层分别采取样品;每层等份样数采取。

⑥袋、桶或其他容器装 将各容器顺序编号,用 HJ/T 20 中的随机数表法抽取 $(N+1)/3$(四舍五入取整数)个袋作为采样单元采取样品。

根据固体废物性状分别使用长铲式采样器、套筒式采样器或者探针进行采样。打开容器口，将各容器分为上部(1/6 深度处)、中部(1/2 深度处)、下部(5/6 深度处)3 层分别采取样品；每层等份样数采取。每采取一次，作为一个份样。

只有一个容器时，将容器按上述方法分为 3 层，每层采取 2 个样品。

(4)液态废物的样品采集

根据容器的大小采用玻璃采样管或者重瓶采样器进行采样。将容器内液态废物混匀(含易挥发组分的液态废物除外)后打开容器，将玻璃采样管或者重瓶采样器从容器口中心处垂直缓慢插入液面至容器底；待采样管(采样器)内装满液态废物后，缓缓提出，将样品注入采样容器。每采取一次，作为一个份样。

1.5 制样、样品的保存和预处理

采集的固体废物应按照 HJ/T 20 中的要求进行制样和样品的保存，并按照 GB 5085.1~7—2007 中分析方法的要求进行样品的预处理。

训练任务 2　样品的检测及结果判断

2.1　样品的检测

固体废物特性鉴别的检测项目应依据固体废物的产生源特性确定。根据固体废物的产生过程可以确定不存在的特性项目或者不存在、不产生的毒性物质，不进行检测。固体废物特性鉴别使用 GB 5085.1~7—2007 规定的相应方法和指标限值。

无法确认固体废物是否存在 GB 5085.1~7—2007 规定的危险特性或毒性物质时，按照下列顺序进行检测。

(1) 反应性、易燃性、腐蚀性检测；

(2) 浸出毒性中无机物质项目的检测；

(3) 浸出毒性中有机物质项目的检测；

(4) 毒性物质含量鉴别项目中无机物质项目的检测；

(5) 毒性物质含量鉴别项目中有机物质项目的检测；

(6) 急性毒性鉴别项目的检测。

在进行上述检测时，如果确认其中某项特性不存在，不进行该项目的检测，按照上述顺序进行下一项特性的检测。

在检测过程中，如果一项检测的结果超过 GB 5085.1~7—2007 相应标准值，即可判定该固体废物为具有该种危险特性的危险废物。是否进行其他特性或其余成分的检测，应根据实际需要确定。

在进行浸出毒性和毒性物质含量的检测时，应根据固体废物的产生源特性首先对可能的主要毒性成分进行相应项目的检测。

在进行毒性物质含量的检测时，当同一种毒性成分在 1 种以上毒性物质中存在时，以分子量最高的毒性物质进行计算和结果判断。

无法确认固体废物的产生源时，应首先对这种固体废物进行全成分元素分析和水分、有机分、灰分三成分分析，根据结果确定检测项目，并按照上述(1)至(6)项进行检测。

确定固体废物特性鉴别检测项目时，应就固体废物的产生源特性向与该固体废物的鉴别工作无直接利害关系的行业专家咨询。

2.2　检测结果判断

在对固体废物样品进行检测后，如果检测结果超过 GB 5085.1~7—2007 中相应标准限值的份样数大于或等于表 3-3 中的超标份样数下限值，即可判定该固体废物具有该种危险特性。

表 3-3　分析结果判断方案

份样数	超标份样数下限	份样数	超标份样数下限
5	1	32	8
8	3	50	11
13	4	80	15
20	6	100	22

如果采取的固体废物份样数与表 3-3 中的份样数不符，按照表 3-3 中与实际份样数最接近的较小份样数进行结果的判断。

如果固体废物份样数大于 100，应按照下列公式确定超标份样数下限值：

$$N_{限} = \frac{N \times 22}{100}$$

式中　$N_{限}$——超标份样数下限值，按照四舍五入法则取整数；
　　　N——份样数。

项目 4　固定源废气监测

【项目描述】

本项目主要训练在烟道、烟囱及排气筒等固定污染源排放废气中，颗粒物与气态污染物监测的手工采样和测定技术方法，以及便携式仪器监测方法。对固定源废气监测的准备、废气排放参数的测定、排气中颗粒物和气态污染物采样与测定方法等内容予以详细介绍。

本项目适用于各级环境监测站，工业、企业环境监测专业机构及环境科学研究部门等开展固定污染源废气污染物排放监测，建设项目竣工环保验收监测，污染防治设施治理效果监测，烟气连续排放监测系统验证监测，清洁生产工艺及污染防治技术研究性监测等。

本项目的编写引用以下标准和规范：

GB/T 16157—1996 固定污染源排气中颗粒物测定与气态污染物采样方法

HJ/T 47—1999 烟气采样器技术条件

HJ/T 48—1999 烟尘采样器技术条件

ISO 12141 固定污染源排放 低浓度颗粒物(烟尘)质量浓度的测定手工重量法

【学习目标】

知识目标

1. 熟练掌握烟道、烟囱及排气筒等固定污染源排放废气中颗粒物与气态污染物监测的手工采样和测定技术方法；
2. 掌握便携式仪器的监测与使用方法；
3. 了解固定源废气监测的准备、废气排放参数的测定、排气中颗粒物和气态污染物采样与测定方法。

能力目标

1. 会进行烟道、烟囱及排气筒等固定污染源排放废气中颗粒物与气态污染物监测的手工采样和测定技术方法；
2. 能够使用便携式仪器进行气态污染物监测；
3. 会测定废气排放参数、排气中颗粒物和气态污染物浓度。

素质目标

1. 提高学生热爱环境、保护生态的环境保护意识；
2. 培养学生团队协作与沟通能力；

3. 培养学生一丝不苟的工作态度。

【基本概念】

污染源

排放大气污染物的设施或建筑构造(如车间等)。

固定源

燃煤、燃油、燃气的锅炉和工业炉窑以及石油化工、冶金、建材等生产过程中产生的废气通过排气筒向空气中排放的污染源。

颗粒物

燃料和其他物质在燃烧、合成、分解以及各种物料在机械处理中所产生的悬浮于排放气体中的固体和液体颗粒状物质。

气态污染物

以气体状态分散在排放气体中的各种污染物。

工况

装置和设施生产运行的状态。

等速采样

将采样嘴平面正对排气气流,使进入采样嘴的气流速度与测定点的排气流速相等。

标准状态下的干排气

温度为 273.15 K,压力为 101 325 Pa 条件下不含水分的排气。

过量空气系数

燃料燃烧时实际空气供给量与理论空气需要量之比值。

项目4　固定源废气监测

训练任务1　采样位置与采样点

1.1　监测准备

1.1.1　监测方案的制订

收集相关的技术资料,了解产生废气的生产工艺过程及生产设施的性能、排放的主要污染物种类及排放浓度大致范围,以确定监测项目和监测方法。

调查污染源的污染治理设施的净化原理、工艺过程、主要技术指标等,以确定监测内容。

调查生产设施的运行工况,污染物排放方式和排放规律,以确定采样频次及采样时间。

现场勘察污染源所处位置和数目,废气输送管道的布置及断面的形状、尺寸,废气输送管道周围的环境状况,废气的去向及排气筒高度等,以确定采样位置及采样点数量。

收集与污染源有关的其他技术资料。

根据监测目的、现场勘察和调查资料,编制切实可行的监测方案。监测方案的内容应包括污染源概况、监测目的、评价标准、监测内容、监测项目、采样位置、采样频次及采样时间、采样方法和分析测定技术、监测报告要求、质量保证措施等。对于工艺过程较为简单,监测内容较为单一,经常性重复的监测任务,监测方案可适当简化。

1.1.2　监测条件的准备

根据监测方案确定的监测内容,准备现场监测和实验室分析所需仪器设备。属于国家强制检定目录内的工作计量器具,必须按期送计量部门检定,检定合格,取得检定证书后方可用于监测工作。测试前还应进行校准和气密性检验,使其处于良好的工作状态。

被测单位应积极配合监测工作,保证监测期间生产设备和治理设施正常运行,工况条件符合监测要求。

在确定的采样位置开设采样孔,设置采样平台,采样平台应有足够的工作面积,保证监测人员安全及方便操作。

设置监测仪器设备需要的工作电源。

准备现场采样和实验室所需的化学试剂、材料、器具、记录表格和安全防护用品。

1.1.3　对污染源的工况要求

在现场监测期间,应有专人负责对被测污染源工况进行监督,保证生产设备和治理设施正常运行,工况条件符合监测要求。

通过对监测期间主要产品产量、主要原材料或燃料消耗量的计量和调查统计,以及与相应设计指标的比对,核算生产设备的实际运行负荷和负荷率。

相关标准中对监测时工况有规定的,按相关标准的规定执行。

除相关标准另有规定,对污染源的日常监督性监测,采样期间的工况应与平时的正常运行工况相同。

建设项目竣工环境保护验收监测应在工况稳定、生产负荷达到设计生产能力的75%以上(含75%)情况下进行。对于无法调整工况达到设计生产能力的75%以上负荷的建设项目：

(1)可以调整工况达到设计生产能力75%以上的部分，验收监测应在满足75%以上负荷或国家及地方标准中所要求的生产负荷的条件下进行。

(2)无法调整工况达到设计生产能力75%以上的部分，验收监测应在主体工程稳定、环保设施运行正常，并征得环保主管部门同意的情况下进行，同时注明实际监测时的工况。国家、地方相关标准对生产负荷另有规定的按规定执行。

1.2 采样位置与采样点

1.2.1 采样位置

采样位置应避开对测试人员操作有危险的场所。

采样位置应优先选择在垂直管段，避开烟道弯头和断面急剧变化的部位。采样位置应设置在距弯头、阀门、变径管下游方向不小于6倍直径，以及距上述部件上游方向不小于3倍直径处。对矩形烟道，其当量直径 $D=2AB/(A+B)$，其中 A、B 为边长。采样断面的气流速度最好在 5 m/s 以上。

测试现场空间位置有限，很难满足上述要求时，可选择比较适宜的管段采样，但采样断面与弯头等的距离至少是烟道直径的1.5倍，并应适当增加测点的数量和采样频次。

对于气态污染物，由于混合比较均匀，其采样位置可不受上述规定限制，但应避开涡流区。如果同时测定排气流量，采样位置仍按上述选取。

必要时应设置采样平台，采样平台应有足够的工作面积使工作人员安全、方便地操作。平台面积应不小于 1.5 m²，并设有 1.1 m 高的护栏和不低于 10 cm 的脚部挡板，采样平台的承重应不小于 200 kg/m²，采样孔距平台面为 1.2~1.3 m。

1.2.2 采样孔和采样点

1.2.2.1 采样孔

在选定的测定位置上开设采样孔，采样孔的内径应不小于80 mm，采样孔管长应不大于50 mm。不使用时应用盖板、管堵或管帽封闭(图4-1)。当采样孔仅用于采集气态污染物时，其内径应不小于40 mm。

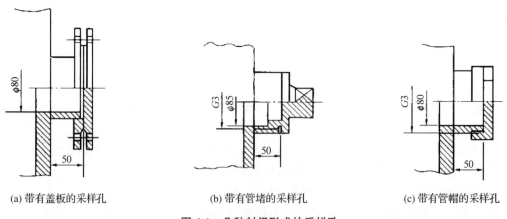

图 4-1 几种封闭形式的采样孔

对正压下输送高温或有毒气体的烟道,应采用带有闸板阀的密封采样孔(图4-2)。

对圆形烟道,采样孔应设在包括各测点在内的互相垂直的直径线上(图4-3)。对矩形或方形烟道,采样孔应设在包括各测点在内的延长线上(图4-4和图4-5)。

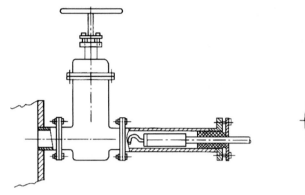

图 4-2 带有闸板阀的密封采样孔

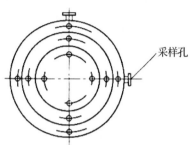

图 4-3 圆形断面的测定点

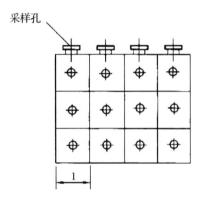

图 4-4 长方形断面的测定点

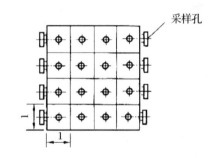

图 4-5 正方形断面的测定点

1.2.2.2 采样点的位置和数目

(1)圆形烟道

①将烟道分成适当数量的等面积同心环,各测点选在各环等面积中心线与呈垂直相交的两条直径线的交点上,其中一条直径线应在预期浓度变化最大的平面内,如当测点在弯头后,该直径线应位于弯头所在的平面内 $A-A$(图4-6)。

②对符合前述采样位置要求的烟道,可只选预期浓度变化最大的一条直径线上的测点。

③对直径小于0.3 m、流速分布比较均匀、对称并符合前述采样位置要求的小烟道,可取烟道中心作为测点。

④不同直径的圆形烟道的等面积环数、测量直径数及测点数见表4-1所列,原则上测点不超过20个。

表 4-1　圆形烟道分环及测点数的确定

烟道直径/m	等面积环数	测量直径数	测点数
<0.3	—	—	1
0.3~0.6	1~2	1~2	2~8
0.6~1.0	2~3	1~2	4~12
1.0~1.2	3~4	1~2	6~16
2.0~4.0	4~5	1~2	8~20
<4.0	5	1~2	10~20

⑤测点距烟道内壁的距离如图 4-7 所示,按表 4-2 确定。当测点距烟道内壁的距离小于 25 mm 时,取 25 mm。

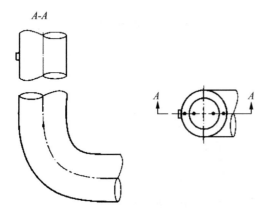

图 4-6　圆形烟道弯头后的测点

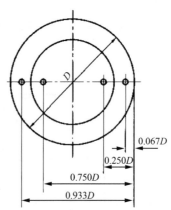

图 4-7　采样点距离烟道内壁距离

表 4-2　测点距烟道内壁的距离(以烟道直径 D 计)

测点号	环 数				
	1	2	3	4	5
1	0.146	0.067	0.044	0.033	0.026
2	0.854	0.25	0.146	0.105	0.082
3		0.75	0.296	0.194	0.146
4		0.933	0.704	0.323	0.226
5			0.854	0.677	0.342
6			0.956	0.806	0.658
7				0.895	0.774
8				0.967	0.854
9					0.918
10					0.974

(2)矩形或方形烟道

①将烟道断面分成适当数量的等面积小块,各块中心即为测点。小块的数量按表4-3选取。原则上测点不超过20个。

②烟道断面面积小于0.1 m²,流速分布比较均匀、对称并符合采样位置要求的,可取断面中心作为测点。

表4-3 矩(方)形烟道的分块和测点数

烟道断面面积/m²	等面积小块长边长度/m	测点总数
<0.1	<0.32	1
0.1~0.5	<0.35	1~4
0.5~1.0	<0.50	4~6
1.0~4.0	<0.67	6~9
4.0~9.0	<0.75	9~16
>9.0	≤1.0	16~20

训练任务 2 排气参数的测定

2.1 排气温度的测定
2.1.1 测量位置和测点
按"训练任务 1 采样位置与采样点"确定，一般情况下可在靠近烟道中心的一点测定。
2.1.2 仪器
(1)热电偶或电阻温度计，其示值误差不大于±3℃。
(2)水银玻璃温度计，精确度应不低于 2.5%，最小分度值应不大于2℃。
2.1.3 测定步骤
将温度测量单元插入烟道中测点处，封闭测孔，待温度计读数稳定后读数。使用玻璃温度计时，注意不可将温度计抽出烟道外读数。

2.2 排气中水分含量的测定
2.2.1 测量位置和测点
按"训练任务 1 采样位置与采样点"确定，一般情况下可在靠近烟道中心的一点测定。
2.2.2 干湿球法
(1)原理

使气体在一定的速度下流经干、湿球温度计，根据干、湿球温度计的读数和测点处排气的压力，计算出排气的水分含量。

(2)仪器

干湿球法测定装置如图 4-8 所示。

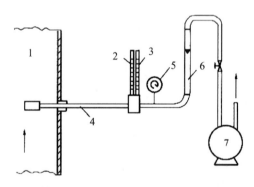

图 4-8 干湿球法测定排气水分含量装置
1-烟道；2-干球温度计；3-湿球温度计；4-保温采管；
5-真空压力表；6-转子流量计；7-抽气泵

① 采样管。
② 干湿球温度计 精确度应不低于 1.5%，最小分度值应不大于1℃。
③ 真空压力表 精确度应不低于 4%，用于测定流量计前气体压力。
④ 转子流量计 精确度应不低于 2.5%。

⑤ 抽气泵 当流量为 40 L/min 时，其抽气能力应能克服烟道及采样系统阻力。当流量计量装置放在抽气泵出口时，抽气泵应不漏气。

(3)测定步骤

① 检查湿球温度计的湿球表面纱布是否包好，然后将水注入盛水容器中。

② 打开采样孔，清除孔中的积灰。将采样管插入烟道中心位置，封闭采样孔。

③ 当排气温度较低或水分含量较高时，采样管应保温或加热数分钟后，再开动抽气泵，以 15 L/min 流量抽气。

④ 当干、湿球温度计读数稳定后，记录干球和湿球温度。

⑤ 记录真空压力表的压力。

(4)计算

排气中水分含量按下式计算：

$$\varphi_{sw} = \frac{P_{bV} - 0.00067(t_c - t_b)(P_a + P_b)}{P_a + P_s} \times 100$$

式中 φ_{sw} ——排气中水分体积分数，%；

P_{bV} ——温度为 t_b 时饱和水蒸气压力（根据 t_b 值，由空气饱和时水蒸气压力表中查得），Pa；

t_b ——湿球温度，℃；

t_c ——干球温度，℃；

P_b ——通过湿球温度计表面的气体压力，Pa；

P_a ——大气压力，Pa；

P_s ——测点处排气静压，Pa。

基于干湿球法原理的含湿量自动测量装置，其微处理器控制传感器测量、采集湿球、干球表面温度以及通过湿球表面的压力及排气静压等参数，同时由湿球表面温度导出该温度下的饱和水蒸气压力，结合输入的大气压，根据公式自动计算出烟气含湿量。

2.2.3 冷凝法

参照 GB/T 16157—1996。

2.2.4 重量法

参照 GB/T 16157—1996。

2.3 排气中 CO、CO_2、O_2 等气体成分的测定

2.3.1 采样位置及测点

按"训练任务 1 采样位置与采样点"确定，一般情况下可在靠近烟道中心的一点测定。

2.3.2 奥氏气体分析仪法测定 CO、CO_2、O_2

参照 GB/T 16157—1996。

2.3.3 电化学法测定 O_2

(1)原理

被测气体中的氧气，通过传感器半透膜充分扩散进入铅镍合金-空气电池内。经电化学反应产生电能，其电流大小遵循法拉第定律与参加反应的氧原子摩尔数成正比，放电形成的电流经过负载形成电压，测量负载上的电压大小得到氧的体积分数。

（2）仪器

① 测氧仪　由气泵、流量控制装置、控制电路及显示屏组成。

② 采样管及样气预处理器。

（3）测定步骤

按仪器使用说明书的要求连接气路，并对气路系统进行漏气检查，开启仪器气泵，当仪器自检完毕，表明工作正常后，将采样管插入被测烟道中心或靠近中心处，抽取烟气进行测定，待氧含量读数稳定后，读取数据。

2.3.4　热磁式氧分仪法测定 O_2

（1）原理

氧受磁场吸引的顺磁性比其他气体强许多，当顺磁性气体在不均匀磁场中，且具有温度梯度时，就会形成气体对流，这种现象称为热磁对流，或称为磁风。磁风的强弱取决于混合气体中含氧量的多少。通过把混合气体中氧含量的变化转换成热磁对流的变化，再转换成电阻的变化，测量电阻的变化，就可得到氧的体积分数。

（2）仪器

① 热磁式氧分仪。

② 采样管及样气预处理器。

（3）测定步骤

按仪器使用说明书的要求连接气路，并对气路系统进行漏气检查。开启仪器气泵，当仪器自检完毕，表明工作正常后，将采样管插入被测烟道中心或靠近中心处，抽取烟气进行测定，待指示稳定后读取氧含量数据。

2.3.5　氧化锆氧分仪法测定 O_2

（1）原理

利用氧化锆材料添加一定量的稳定剂以后，通过高温烧成，在一定温度下成为氧离子固体电解质。在该材料两侧焙烧上铂电极，一侧通气样，另一侧通空气，当两侧氧分压不同时，两电极间产生浓差电动势，构成氧浓差电池。由氧浓差电池的温度和参比气体氧分压，便可通过测量仪表测量出电动势，换算出被测气体的氧的体积分数。

（2）仪器

① 氧化锆氧分仪。

② 采样管及样气预处理器。

（3）测定步骤

按仪器使用说明书的要求连接气路，并对气路系统进行漏气检查。接通电源，按仪器说明书要求的加热时间使监测器加热炉升温。开启仪器气泵，当仪器自检完毕，表明工作正常后，将采样管插入被测烟道中心或靠近中心处，抽取烟气进行测定，待指示稳定后读取氧含量数据。

2.4　排气密度和气体分子量的计算

排气密度和气体分子量的计算参照 GB/T 16157—1996。

2.5　排气流速、流量的测定

2.5.1　测量位置及测点

按"训练任务1　采样位置与采样点"确定。

2.5.2 原理

排气的流速与其动压的平方根成正比,根据测得某测点处的动压、静压以及温度等参数,由下式计算排气流速(详见 2.5.5.1 测点流速计算):

$$V_s = K_p \sqrt{\frac{2p_d}{\rho_s}} = 128.9 K_p \sqrt{\frac{(273 + t_s) p_d}{M_s (p_a + p_s)}}$$

2.5.3 仪器

(1)标准型皮托管

标准型皮托管的构造如图 4-9 所示。它是一个弯成 90°的双层同心圆管,前端呈半圆形,正前方有一开孔,与内管相通,用来测定全压。在距前端 6 倍直径处外管壁上开有一圈孔径为 1 mm 的小孔,通至后端的侧出口,用来测定排气静压。按照上述尺寸制作的皮托管其修正系数 K_p 为 0.99 ± 0.01。标准型皮托管的测孔很小,当烟道内颗粒物浓度大时,易被堵塞。它适用于测量较清洁的排气。

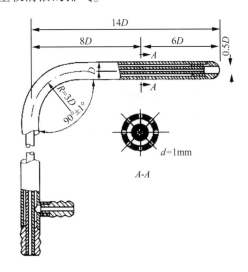

图 4-9 标准型皮托管

(2)S 形皮托管

S 形皮托管的构造如图 4-10 所示,它是由两根相同的金属管并联组成。测量端有方向相反的两个开口,测定时,面向气流的开口测得的压力为全压,背向气流的开口测得的压力小于静压。按图 4-10 设计制作的 S 形皮托管其修正系数尺 K_p 为 0.84 ± 0.01。制作尺寸与上述要求有差别的 S 形皮托管的修正系数需进行校正。其正、反方向的修正系数相差应不大于 0.01。S 形皮托管的测压孔开口较大,不易被颗粒物堵塞,且便于在厚壁烟道中使用。

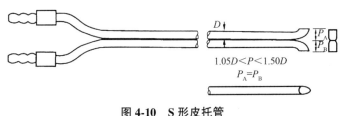

图 4-10 S 形皮托管

(3) U 形压力计

U 形压力计用于测定排气的全压和静压，其最小分度值应不大于 10 Pa。

(4) 斜管微压计

斜管微压计用于测定排气的动压，其精确度应不低于 2%，其最小分度值应不大于 2 Pa。

(5) 大气压力计

最小分度值应不大于 0.1 kPa。

(6) 流速测定仪

由皮托管、温度传感器、压力传感器、控制电路及显示屏组成。皮托管同本节(1)(2)所述(标准型皮托管和 S 形皮托管)，温度传感器同"排气温度的测定(仪器)"，动压测量压力传感器和静压测量压力传感器参照 HJ/T 48 烟尘采样器技术条件。

2.5.4　测定步骤

2.5.4.1　用皮托管、斜管微压计和 U 形压力计测量

(1) 准备工作

① 将微压计调整至水平位置。

② 检查微压计液柱中有无气泡。

③ 检查微压计是否漏气　向微压计的正压端(或负压端)入口吹气(或吸气)，迅速封闭该入口，如微压计的液柱面位置不变，则表明该通路不漏气。

④ 检查皮托管是否漏气　用橡皮管将全压管的出口与微压计的正压端连接，静压管的出口与微压计的负压端连接。由全压管测孔吹气后，迅速堵严该测孔，如微压计的液柱面位置不变，则表明全压管不漏气；再将静压测孔用橡皮管或胶布密封，然后打开全压测孔，此时微压计液柱将跌落至某一位置，如果液面不继续跌落，则表明静压管不漏气。

(2) 测量气流的动压(图 4-11)

① 将微压计的液面调整到零点。

② 在皮托管上标出各测点应插入采样孔的位置。

③ 将皮托管插入采样孔　使用 S 形皮托管时，应使开孔平面垂直于测量断面插入。如断面上无涡流，微压计读数应在零点左右。使用标准皮托管时，在插入烟道前，切断皮托管和微压计的通路，以避免微压计中的酒精被吸入到连接管中，使压力测量产生错误。

④ 在各测点上，使皮托管的全压测孔正对着气流方向，其偏差不得超过 10°，测出各点的动压，分别记录在表中。重复测定一次，取平均值。

⑤ 测定完毕后，检查微压计的液面是否回到原点。

(3) 测量排气的静压(图 4-11)

① 将皮托管插入烟道近中心处的一个测点。

② 使用 S 形皮托管测量时只用其一路测压管。其出口端用胶管与 U 形压力计一端相连，将 S 形皮托管插入到烟道近中心处，使其测量端开口平面平行于气流方向，所测得的压力即为静压。

(4) 测量排气的温度

(5) 测量大气压力

使用大气压力计直接测出。

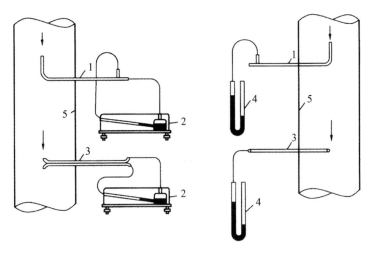

图 4-11 动压及静压的测定装置
1-标准皮托管；2-斜管微压计；3-S 形皮托管；4-U 形压力计；5-烟道

2.5.4.2 用流速测定仪测量

按照仪器使用说明书的要求进行操作，由流速测定仪自动测定烟道断面各测点的排气温度、动压、静压和环境大气压，根据测得的参数仪器自动计算出各点的流速。

2.5.5 排气流速的计算

2.5.5.1 测点流速计算

测点气流速度 V_s 按下式计算：

$$V_s = K_p\sqrt{\frac{2p_d}{\rho_s}} = 128.9K_p\sqrt{\frac{(273+t_s)p_d}{M_s(p_a+p_s)}}$$

当干排气成分与空气近似，排气露点温度在 35～55℃、排气的绝对压力在 97～103 kPa 时，V_s 可按下式计算：

$$V_s = 0.076K_p\sqrt{273+t_s} \times \sqrt{p_d}$$

对于接近常温、常压条件下（$t_s = 20℃$，$p_a + p_s = 101\,325\,Pa$），通风管道的空气流速 V_a 按下式计算：

$$V_a = 1.29K_p\sqrt{p_d}$$

式中 V_s——湿排气的气体流速，m/s；

V_a——常温常压下通风管道的空气流速，m/s；

p_a——大气压力，Pa；

K_p——皮托管修正系数；

p_d——排气动压，Pa；

p_s——排气静压，Pa；

ρ_s——湿排气的密度，kg/m³；

M_s——湿排气的分子量，kg/kmol；

t_s——排气温度，℃。

2.5.5.2 平均流速的计算

烟道某一断面的平均流速 $\bar{V}_s$ 可根据断面上各测点测出的流速 V_{si}，由下式计算：

$$\bar{V}_s = \frac{\sum_{i=1}^{n} V_{si}}{n} = 128.9 K_p \sqrt{\frac{273 + t_s}{M_s(p_a + p_s)}} \times \frac{\sum_{i=1}^{n} \sqrt{p_{di}}}{n}$$

式中　p_{di}——某一测点的动压，Pa；

　　　n——测点的数目。

当干烟气成分与空气近似，排气露点温度在 35~55℃、排气的绝对压力在 97~103 kPa 时，某一断面的平均流速 $\bar{V}_s$ 按下式计算：

$$\bar{V}_s = 0.076 K_p \sqrt{273 + t_s} \times \frac{\sum_{i=1}^{n} \sqrt{p_{di}}}{n}$$

对于接近常温、常压条件下（$t_s = 20℃$，$p_a + p_s = 101\ 325\ Pa$），通风管道中某一断面的平均空气流速 $\bar{V}_a$ 按下式计算：

$$\bar{V}_a = 1.29 K_p \frac{\sum_{i=1}^{n} \sqrt{p_{di}}}{n}$$

2.5.6　排气流量的计算

工况下湿排气流量 Q_s 按下式计算：

$$Q_s = 3600 \times F \times \bar{V}_s$$

式中　Q_s——工况下湿排气流量，m³/h；

　　　F——测定断面积，m²；

　　　$\bar{V}_s$——测定断面湿排气平均流速，m/s。

标准状态下干排气流量 Q_{sn} 按下式计算：

$$Q_{sn} = Q_s \times \frac{p_a + p_s}{101\ 325} \times \frac{273}{273 + t_s}(1 - \varphi_{sw})$$

式中　Q_{sn}——标准状态下干排气流量，m³/h；

　　　p_a——大气压力，Pa；

　　　p_s——排气静压，Pa；

　　　t_s——排气温度，℃；

　　　φ_{sw}——排气中水分体积分数，%。

常温常压条件下，通风管道中的空气流量 Q_a 按下式计算：

$$Q_a = 3600 \times F \times \bar{V}_a$$

式中　Q_a——通风管道中的空气流量，m³/h。

训练任务 3　颗粒物的测定

3.1　采样位置和采样点
按照"训练任务 1　采样位置与采样点"确定。

3.2　原理
将烟尘采样管由采样孔插入烟道中，使采样嘴置于测点上，正对气流，按颗粒物等速采样原理，抽取一定量的含尘气体。根据采样管滤筒上所捕集到的颗粒物量和同时抽取的气体量，计算出排气中颗粒物浓度。

3.3　采样原则

3.3.1　等速采样
颗粒物具有一定的质量，在烟道中由于本身运动的惯性作用，不能完全随气流改变方向，为了从烟道中取得有代表性的烟尘样品，需等速采样，即气体进入采样嘴的速度应与采样点的烟气速度相等，其相对误差应在10%以内。气体进入采样嘴的速度大于或小于采样点的烟气速度都将使采样结果产生偏差。

3.3.2　多点采样
由于颗粒物在烟道中的分布是不均匀的，要取得有代表性的烟尘样品，必须在烟道断面按一定的规则多点采样。

3.4　采样方法

3.4.1　移动采样
用一个滤筒在已确定的采样点上移动采样，各点的采样时间相同，求出采样断面的平均浓度。

3.4.2　定点采样
每个测点上采一个样，求出采样断面的平均浓度，并可了解烟道断面上颗粒物浓度变化情况。

3.4.3　间断采样
对有周期性变化的排放源，根据工况变化及其延续时间，分段采样，然后求出其时间加权平均浓度。

3.5　维持等速采样的方法
维持颗粒物等速采样的方法有普通型采样管法(预测流速法)、皮托管平行测速采样法、动压平衡型采样管法和静压平衡型采样管法4种。可根据不同测量对象状况，选用其中的一种方法。有条件的，应尽可能采用自动调节流量烟尘采样仪，以减少采样误差，提高工作效率。

普通型采样管法(预测流速法)按 GB/T 16157—1996 中 8.3 的规定。皮托管平行测速采样法按 GB/T 16157—1996 中 8.4 的规定。动压平衡型采样管法按 GB/T 16157—1996 中 8.5 的规定。静压平衡型采样管法按 GB/T 16157—1996 中 8.6 的规定。

3.6 皮托管平行测速自动烟尘采样仪

3.6.1 原理

仪器的微处理测控系统根据各种传感器检测到的静压、动压、温度及含湿量等参数，计算烟气流速，选定采样嘴直径，采样过程中仪器自动计算烟气流速和等速跟踪采样流量，控制电路调整抽气泵的抽气能力，使实际流量与计算的采样流量相等，从而保证了烟尘自动等速采样(图 4-12)。

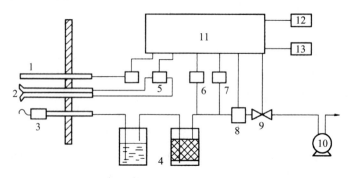

图 4-12　皮托管平行测速自动烟尘采样仪

1-热电偶或热电阻温度计；2-皮托管；3-采样管；4-除硫干燥器；5-微压传感器；6-压力传感器；7-温度传感器；8-流量传感器；9-流量调节装置；10-抽气泵；11-微处理系统；12-微型打印机或接口；13-显示器

3.6.2 采样前准备工作

① 滤筒处理和称重　用铅笔将滤筒编号，105~110℃烘烤 1 h，取出放入干燥器中，在恒温恒湿的天平室中冷却至室温，用感量 0.1 mg 天平称量，两次称量重量之差应不超过 0.5 mg。当滤筒在 400℃ 以上高温排气中使用时，为了减少滤筒本身减重，应预先在 400℃ 高温箱中烘烤 1 h，然后放入干燥器中冷却至室温，称量至恒重。放入专用的容器中保存。

② 检查所有的测试仪器功能是否正常，干燥器中的硅胶是否失效。

③ 检查系统是否漏气，如发现漏气，应再分段检查，堵漏，直至合格。

3.6.3 采样步骤

① 采样系统连接　用橡胶管将组合采样管的皮托管与主机的相应接嘴连接，将组合采样管的烟尘取样管与洗涤瓶和干燥瓶连接，再与主机的相应接嘴连接。

② 仪器接通电源，自检完毕后，输入日期、时间、大气压、管道尺寸等参数。仪器计算出采样点数目和位置，将各采样点的位置在采样管上做好标记。

③ 打开烟道的采样孔，清除孔中的积灰。

④ 仪器压力测量进行零点校准后，将组合采样管插入烟道中，测量各采样点的温度、动压、静压、全压及流速，选取合适的采样嘴。

⑤ 含湿量测定装置注水，并将其抽气管和信号线与主机连接，将采样管插入烟道，测定烟气中水分含量。

⑥ 记下滤筒的编号，将已称重的滤筒装入采样管内，旋紧压盖，注意采样嘴与皮托管全压测孔方向一致。

⑦ 设定每点的采样时间，输入滤筒编号，将组合采样管插入烟道中，密封采样孔。

⑧ 使采样嘴及皮托管全压测孔正对气流，位于第一个采样点。启动抽气泵，开始采样。第一点采样时间结束，仪器自动发出信号，立即将采样管移至第二采样点继续进行采样。依此类推，顺序在各点采样。采样过程中，采样器自动调节流量保持等速采样。

⑨ 采样完毕后，从烟道中小心地取出采样管，注意不要倒置。用镊子将滤筒取出，放入专用的容器中保存。

⑩ 用仪器保存或打印出采样数据。

3.6.4 样品分析

采样后的滤筒放入 105℃ 烘箱中烘烤 1 h，取出放入干燥器中，在恒温恒湿的天平室中冷却至室温，用感量 0.1 mg 天平称量至恒重。采样前后滤筒重量之差，即为采取的颗粒物量。

训练任务 4　气态污染物采样

4.1　采样位置和采样点
采样位置应符合"训练任务 1　采样位置与采样点"要求。

采样点，由于气态污染物在采样断面内，一般是混合均匀的，可取靠近烟道中心的一点作为采样点。

4.2　采样方法
4.2.1　化学法采样
(1) 原理

通过采样管将样品抽入到装有吸收液的吸收瓶或装有固体吸附剂的吸附管、真空瓶、注射器或气袋中，样品溶液或气态样品经化学分析或仪器分析得出污染物含量。

(2) 采样系统

① 吸收瓶或吸附管采样系统　由采样管、连接导管、吸收瓶或吸附管、流量计量箱和抽气泵等部件组成，如图 4-13 所示。当流量计量箱放在抽气泵出口时，抽气泵应严密不漏气。根据流量计量和控制装置的类型，烟气采样器可分为孔板流量计采样器、累计流量计采样器和转子流量计采样器。

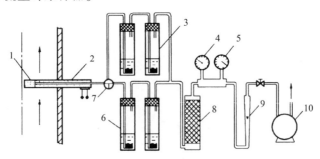

图 4-13　烟气采样系统

1-烟道；2-加热采样管；3-旁路吸收瓶；4-温度计；5-真空压力表；
6-吸收瓶；7-三通阀；8-干燥器；9-流量计；10-抽气泵

② 真空瓶或注射器采样系统　由采样管、真空瓶或注射器、洗涤瓶、干燥器和抽气泵等组成(如图 4-14 和图 4-15 所示)。

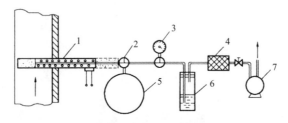

图 4-14　真空泵采样系统

1-加热采样管；2-三通阀；3-真空压力表；4-过滤器；5-真空瓶；
6-洗涤瓶；7-抽气泵

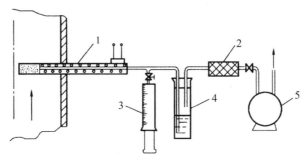

图 4-15　注射器采样系统

1-加热采样管；2-过滤器；3-注射器；4-洗涤瓶；5-抽气泵

（3）包括有机物在内的某些污染物，在不同烟气温度下，或以颗粒物或以气态污染物形式存在。采样前应根据污染物状态，确定采样方法和采样装置。如是颗粒物则按颗粒物等速采样方法采样。

4.2.2　仪器直接测试法采样

（1）原理

通过采样管、颗粒物过滤器和除湿器，用抽气泵将样气送入分析仪器中，直接指示被测气态污染物的含量。

（2）采样系统

由采样管、颗粒物过滤器、除湿器、抽气泵、测试仪和校正用气瓶等部分组成，如图 4-16 所示。

4.3　采样装置

按 GB/T 16157—1996 中 9.3 的规定。

4.4　采样步骤

4.4.1　使用吸收瓶或吸附管采样系统采样

（1）采样管的准备与安装

① 清洗采样管，使用前清洗采样管内部，干燥后再用。

② 更换滤料，当填充无碱玻璃棉或其他滤料时，充填长度为 20~40 mm。

③ 采样管插入烟道近中心位置，进口与排气流动方向成直角。如使用入口装有斜切口套管的采样管，其斜切口应背向气流。

④ 采样管固定在采样孔上，应不漏气。

⑤ 在不采样时，采样孔要用管堵或法兰封闭。

（2）吸收瓶或吸附管与采样管、流量计量箱的连接

① 吸收液、吸收瓶、吸附管按实验室化学分析操作要求进行准备，并用记号笔记上样品编号。

② 如图 4-13 所示，用连接管将采样管、吸收瓶或吸附管、流量计量箱和抽气泵连接，连接管应尽可能短。

③ 采样管与吸收瓶和流量计量箱连接，应使用球形接头或锥形接头连接。

④ 准备一定量的吸收瓶，各装入规定量的吸收液，其中两个作为旁路吸收瓶使用。

⑤ 为防止吸收瓶磨口处漏气，可以用硅密封脂涂抹。

⑥ 吸收瓶和旁路吸收瓶在入口处，用玻璃三通阀连接。

⑦ 吸收瓶或吸附管应尽量靠近采样管出口处，当吸收液温度较高而对吸收效率有影响时，应将吸收瓶放入冷水槽中冷却。

⑧ 采样管出口至吸收瓶或吸附管之间连接管要用保温材料保温，当管线长时，须采取加热保温措施。

⑨ 用活性炭、高分子多孔微球作吸附剂时，如烟气中水分含量体积百分数大于3%，为了减少烟气水分对吸附剂吸附性能的影响，应在吸附管前串接气水分离装置，除去烟气中的水分。

(3) 漏气试验

① 将各部件按图4-13连接。

② 关上采样管出口三通阀，打开抽气泵抽气，使真空压力表负压上升到13 kPa，关闭抽气泵一侧阀门，如压力计压力在1 min内下降不超过0.15 kPa，则视为系统不漏气。

③ 如发现漏气，要重新检查、安装，再次检漏，确认系统不漏气后方可采样。

(4) 采样操作

① 预热采样管　打开采样管加热电源，将采样管加热到所需温度。

② 置换吸收瓶前采样管路内的空气　正式采样前，令排气通过旁路吸收瓶采样5 min将吸收瓶前管路内的空气置换干净。

③ 采样　接通采样管路，调节采样流量至所需流量进行采样，采样期间应保持流量恒定，波动应不大于±10%。使用累计流量计采样器时，采样开始要记录累计流量计读数。

④ 采样时间　视待测污染物浓度而定，但每个样品采样时间一般不少于10 min。

⑤ 采样结束　切断采样管至吸收瓶之间气路，防止烟道负压将吸收液与空气抽入采样管。使用累计流量计采样器时，采样结束要记录累计流量计读数。

⑥ 样品贮存　采集的样品应放在不与被测物产生化学反应的容器内，容器要密封并注明样品号。

(5) 采样时应详细记录采样时工况条件、环境条件和样品采集数据（采样流量、采样时间、流量计前温度、流量计前压力、累计流量计读数等）。

(6) 采样后应再次进行漏气检查，如发现漏气，应修复后重新采样。

(7) 在样品贮存过程中，如采集在样品中的污染物浓度随时间衰减，应在现场随时进行分析。

4.4.2　使用真空瓶或注射器采样

(1) 真空瓶、注射器安装

① 真空瓶与注射器在安装前要进行漏气检查。

真空瓶漏气检查：将真空瓶与真空压力表连接，抽气减压到绝对压力为1.33 kPa，放置1 h后，如果瓶内绝对压力不超过2.66 kPa，则视为不漏气。

注射器漏气检查：用水将注射器活栓润湿后，吸入空气至刻度1/4处，用橡皮帽堵严进气孔，反复把活栓推进拉出几次，如活栓每次都回到原来的位置，可视为不漏气。

② 在真空瓶内放入适量的吸收液，用真空泵将真空瓶减压，直至吸收液沸腾，关闭旋塞，采样前用真空压力表测量并记下真空瓶内绝对压力。

③ 取100 mL的洗涤瓶，内装洗涤液，如待测气体是酸性，则装入5 mol/L氢氧化钠

溶液，若是碱性，则装入 3 mol/L 硫酸溶液洗涤气体。

④ 真空瓶或注射器与其他部件连接，使用球形或锥形接头连接。

⑤ 将真空瓶或注射器按图 4-14 和图 4-15 连接，真空瓶和注射器要尽量靠近采样管。

⑥ 采样系统漏气检查，堵死采样管出口端连接管，打开抽气泵抽气，至真空压力表压力升到 13 kPa 时，关上抽气泵一侧阀门，如压力表压力在 1 min 内下降不超过 0.15 kPa，则视为系统不漏气。

(2) 采样

① 采样前，打开抽气泵以 1 L/min 流量抽气约 5 min，置换采样系统的空气。

② 打开真空瓶旋塞，使气体进入真空瓶，然后关闭旋塞，将真空瓶取下。使用注射器时，打开注射器阀门，抽动活栓，将气样一次抽入预定刻度，关闭注射器进口阀门，取下注射器倒立存放。

③ 采样时记下采样的工况、环境温度和大气压力。

(3) 使用仪器直接测试法采样

① 检测仪的检定和校准　仪器应按期送国家授权的计量部门进行检定，并根据仪器的使用频率定期进行校准。校准时使用不同浓度的标准气体，按仪器说明书规定的程序校准仪器的满档和零点，再用仪器量程中点值附近浓度的标准气体复检。

② 采样系统的连接和安装　检查并清洁采样预处理器的颗粒物过滤器，除湿器和输气管路，必要时更换滤料。

按照使用说明书连接采样管、采样预处理器和检测仪的气路和电路。

连接管线要尽可能短，当必须使用较长管线时，应注意防止样气中水分冷凝，必要时应对管线加热。

③ 采样和测定　将采样管置于环境空气中，接通仪器电源，仪器自检并校正零点后，自动进入测定状态。

将采样管插入烟道中，将采样孔堵严使之不漏气，抽取烟气进行测定，待仪器读数稳定后即可记录(打印)测试数据。

读数完毕将采样管从烟道取出置于环境空气中，抽取干净空气直至仪器示值符合说明书要求后，将采样管插入烟道进行第二次测试。

重复上述步骤，直至测试完毕。

测定结束后，将采样管从烟道取出置于环境空气中，抽取干净空气直至仪器示值符合说明书要求后，自动或手动关机。

(4) 不同的检测仪器，操作步骤有差异，应严格按照仪器说明书操作。

训练任务 5 采样体积、频次和时间

5.1 采样体积计算

5.1.1 使用转子流量计时的采样体积计算

当转子流量计前装有干燥器时,标准状态下干排气采气体积按下式计算:

$$V_{nd} = 0.27 Q'_r \sqrt{\frac{p_a + p_r}{M_{sd}(273 + t_r)}} \times t$$

式中 V_{nd}——标准状态下干采气体积,L;
$\quad\quad Q'_r$——采样流量,L/min;
$\quad\quad M_{sd}$——干排气气体分子质量,kg/kmol;
$\quad\quad p_a$——大气压力,Pa;
$\quad\quad p_r$——转子流量计计前气体压力,Pa;
$\quad\quad t_r$——转子流量计计前气体温度,℃;
$\quad\quad t$——采样时间,min。

当被测气体的干气体分子质量近似于空气时,标准状态下干气体体积按下式计算:

$$V_{nd} = 0.05 Q'_r \sqrt{\frac{p_a + p_r}{(273 + t_r)}} \times t$$

5.1.2 使用干式累积流量计时的采样体积计算

使用干式累积流量计,流量计前装有干燥器,标准状态下干排气采气体积按下式计算:

$$V_{nd} = K(V_2 - V_1) \frac{273}{273 + t_d} \times \frac{p_a + p_d}{101\,325}$$

式中 V_1、V_2——采样前后累积流量计的读数,L;
$\quad\quad t_d$——流量计前气体温度,℃;
$\quad\quad p_d$——流量计前气体压力,Pa;
$\quad\quad K$——流量计的修正系数。

5.1.3 使用注射器时的采样体积计算

使用注射器采样时,标准状态下干采气体积按下式计算:

$$V_{nd} = V_f \frac{273}{273 + t_f} \times \frac{p_a + p_{fv}}{101\,325}$$

式中 V_f——室温下注射器采样体积,L;
$\quad\quad t_f$——室温,℃;
$\quad\quad p_{fv}$——在 t_f 时饱和水蒸气压力,Pa。

5.1.4 使用真空瓶时的采样体积计算

使用真空瓶采样时,标准状态下干采气体积按下式计算:

$$V_{nd} = (V_b - V_1) \frac{273}{101\,325} \left(\frac{p_f - p_{fv}}{273 + t_f} - \frac{p_i - p_{iw}}{273 + t_i} \right)$$

式中　V_b——室温下注射器采样体积，L；
　　　V_1——室温，℃；
　　　p_f——在t_f时饱和水蒸气压力，Pa。
　　　t_f——测p_i时的室温，℃；
　　　p_i——采样前真空瓶内压力，Pa；
　　　t_i——测p_i时的室温，℃；
　　　p_{fv}——在t_f时的饱和水蒸气压力，Pa；
　　　p_{iw}——在t_i时的饱和水蒸气压力，Pa。
注：被吸收液吸收的样品，由于体积很小而忽略不计。

5.2　采样频次和采样时间

5.2.1　确定采样频次和采样时间的依据

相关标准和规范的规定和要求。

实施监测的目的和要求。

被测污染源污染物排放特点、排放方式及排放规律，生产设施和治理设施的运行状况。

被测污染源污染物排放浓度的高低和所采用的监测分析方法的检出限。

5.2.2　采样频次和采样时间

相关标准中对采样频次和采样时间有规定的，按相关标准的规定执行。

除相关标准另有规定，排气筒中废气的采样以连续 1 h 的采样获取平均值，或在 1 h 内，以等时间间隔采集 3~4 个样品，并计算平均值。

特殊情况下的采样时间和频次：若某排气筒的排放为间断性排放，排放时间小于 1 h，应在排放时段内实行连续采样，或在排放时段内等间隔采集 2~4 个样品，并计算平均值；若某排气筒的排放为间断性排放，排放时间大于 1 h，则应在排放时段内按上述要求采样。

一般污染源的监督性监测每年不少于 1 次，如被国家或地方环境保护行政主管部门列为年度重点监管的排污单位，每年监督性监测不少于 4 次。

建设项目竣工环境保护验收监测的采样时间和频次，按国家环境保护总局发布的相关建设项目竣工环境保护验收技术规范执行。

当进行污染事故排放监测时，应按需要设置采样时间和采样频次，不受上述要求的限制。

训练任务 6　监测分析方法及结果表示

6.1　监测分析方法

6.1.1　选择分析方法的原则

监测分析方法的选用应充分考虑相关排放标准的规定、被测污染源排放特点、污染物排放浓度的高低、所采用监测分析方法的检出限和干扰等因素。

相关排放标准中有监测分析方法的规定时，应采用标准中规定的方法。

对相关排放标准未规定监测分析方法的污染物项目，应选用国家环境保护标准、环境保护行业标准规定的方法。

在某些项目的监测中，尚无方法标准的，可采用国际标准化组织（ISO）或其他国家的等效方法标准，但应经过验证合格，其检出限、准确度和精密度应能达到质控要求。

6.1.2　固定源部分废气监测分析方法

详见附录 B　固定源部分废气污染物监测分析方法。

6.2　监测结果表示及计算

6.2.1　监测结果表示及计算

监测结果表示及计算应根据相关排放标准的要求来确定。

6.2.2　污染物排放浓度

污染物排放以标准状况下干排气量的质量浓度（mg/m^3 或 $\mu g/m^3$）表示。

(1) 污染物排放质量浓度按下式进行计算：

$$\rho' = \frac{m}{V_{nd}} \times 10^6$$

式中　ρ'——污染物排放质量浓度，mg/m^3；

V_{nd}——标准状况下采集干排气的体积，L；

m——采样所得污染物的质量，g。

当监测仪器测定结果以体积分数（10^{-6} 或 10^{-9}）表示时，应将此浓度换算成质量浓度（mg/m^3 或 $\mu g/m^3$），按下式进行换算：

$$\rho' = \frac{M}{22.4}\varphi$$

式中　ρ'——污染物质量浓度，mg/m^3 或 $\mu g/m^3$；

M——污染物的摩尔质量，g；

22.4——污染物的摩尔体积，L；

φ——污染物的体积分数，10^{-6} 或 10^{-9}。

(2) 污染物平均排放质量浓度按下式进行计算：

$$\overline{\rho'} = \frac{\sum_{i=1}^{n} \rho'}{n}$$

式中 $\overline{\rho'}$——污染物时间加权平均排放质量浓度，mg/m³；
  n——采集的样品数。

(3)周期性变化的生产设备，若需确定时间加权平均质量浓度，按下式计算：

$$\overline{\rho'} = \frac{\rho'_1 t_1 + \rho'_1 t_2 + \cdots + \rho'_n t_n}{t_1 + t_2 + \cdots t_n}$$

式中 $\overline{\rho'}$——污染物时间加权平均排放质量浓度，mg/m³；
  $\rho'_1, \rho'_2, \cdots, \rho'_n$——污染物在 $t_1, t_2, \cdots, t_n$ 时段内的质量浓度，mg/m³；
  $t_1, t_2, \cdots, t_n$——监测时间段，min。

6.2.3 污染物折算排放浓度

(1)在计算燃料燃烧设备污染物的排放质量浓度时，应依照所执行的标准要求，将实测的污染物质量浓度折算为标准规定的过量空气系数下的排放质量浓度，按下式进行折算：

$$\rho = \overline{\rho'} \frac{\alpha'}{\alpha}$$

式中 ρ——折算成过量空气系数为 α 时的污染物排放质量浓度，mg/m³；
  ρ'——污染物实测排放质量浓度，mg/m³；
  α'——实测过量空气系数；
  α——有关排放标准中规定的过量空气系数。

(2)根据所用含氧量测定仪器的精度和数据处理的要求，过量空气系数可按下列三式之一计算：

$$\alpha = \frac{20.9}{20.9 - \varphi(O_2)}$$

或

$$\alpha = \frac{21}{21 - \varphi(O_2)}$$

或

$$p\alpha = \frac{21}{21 - 79\dfrac{\varphi(O_2) - 0.5\varphi(CO)}{100 - [\varphi(O_2) + \varphi(CO_2) + \varphi(CO)]}}$$

式中 $\varphi(O_2)$、$\varphi(CO_2)$、$\varphi(CO)$——排气中氧、二氧化碳、一氧化碳的体积分数。

6.2.4 废气排放量

废气排放量以单位时间排放的标准状态下干废气体积表示，其单位为 m³/h。

(1)工况下的湿废气排放量按下式计算：

$$Q_s = 3600 \times F \times V_s$$

式中 Q_s——测量工况下湿排气的排放量，m³/h；
  F——管道测定断面面积，m²；
  V_s——管道测定断面湿排气的平均流速，m/s。

(2)标准状态下干废气排放量按下式计算：

$$Q_{sn} = Q_s \times \frac{p_a + p_s}{101\ 325} \times \frac{273}{273 + t_s} \times (1 - \varphi_{sw})$$

式中　Q_{sn}——标准状态下干排气量，m³/h；
　　　p_a——大气压力，Pa；
　　　p_s——排气静压，Pa；
　　　t_s——排气温度，℃；
　　　φ_{sw}——排气中水分体积分数，%。

6.2.5　污染物排放速率

污染物排放速率以单位小时污染物的排放量表示，其单位为 kg/h。污染物排放速率按下式计算：

$$G = \overline{\rho'} \times Q_{sn} \times 10^{-6}$$

式中　G——污染物排放速率，kg/h；
　　　$\overline{\rho'}$——污染物实测排放质量浓度，mg/m³；
　　　Q_{sn}——标准状态下干排气量，m³/h。

6.2.6　净化装置的性能

（1）根据净化装置进口和出口气流中污染物的排放量计算其净化效率，按下式计算：

$$\eta = \left(\frac{G_J - G_C}{G_J}\right) \times 100\% = \left(\frac{Q_J \rho_J - Q_C \rho_C}{Q_J \rho_J}\right) \times 100\%$$

式中　η——净化设备的净化效率，%；
　　　G_J、G_C——净化装置进口和出口污染物排放速率，kg/h；
　　　ρ_J、ρ_C——净化装置进口和出口污染物排放质量浓度，mg/m³；
　　　Q_J、Q_C——净化装置进口和出口标准状态下干排气量，m³/h。

（2）气流经过净化装置所产生的压力损失称为净化装置的阻力，净化装置的阻力按下式计算：

$$\Delta p = p_J - p_C$$

式中　Δp——净化装置的阻力，Pa；
　　　p_J——净化装置进口端管道中废气全压，Pa；
　　　p_C——净化装置出口端管道中废气全压，Pa。

（3）净化装置的漏风率按风量平衡法测定，漏风率按下式计算：

$$E = \left(1 - \frac{Q_C}{Q_J}\right) \times 100\%$$

式中　E——净化装置的漏风率，%；
　　　Q_C——净化装置出口标准状态下干排气量，m³/h；
　　　Q_J——净化装置进口标准状态下干排气量，m³/h。

项目 5　近岸海域环境监测

【项目描述】

本项目主要训练开展近岸海域环境监测过程中的站位布设、样品采集、保存、运输、实验室分析等各个环节以及监测方案和监测报告编制的一般要求。旨在提高读者从事海洋环境污染防治和海域生态环境质量改善等工作的能力。

近岸海域环境监测工作的技术内容包括：近岸海域水质监测、沉积物质量监测、海洋生物监测、潮间带生态监测、海洋生物体污染物残留量监测等环境质量例行监测，以及近岸海域环境功能区环境质量监测、海滨浴场水质监测、陆域直排海污染源环境影响监测、大型海岸工程环境影响监测和赤潮多发区环境监测等专题监测的监测方案、断面及站位布设、监测时间与频率、监测项目与分析方法、样品采集与管理、数据记录与处理、监测结果评价、监测报告的编制、采样人员安全保障。

本项目适用于全国近岸海域的海洋水质监测、海洋沉积物质量监测、海洋生物监测、潮间带生态监测、海洋生物体污染物残留量监测等环境质量例行监测以及近岸海域环境功能区环境质量监测、海滨浴场水质监测、陆域直排海污染源环境影响监测、大型海岸工程环境影响监测和赤潮多发区环境监测等专题监测。近岸海域环境应急监测和科研监测等也可参照本项目。

本项目的编写引用以下标准和规范：

GB 3097—1997 海水水质标准

GB 4883—1985 数据的统计处理和解释　正态样本异常值的判断和处理

GB/T 8170—2008 数值修约规则

GB 11607—1989 渔业水质标准

GB 12763— 海洋调查规范

GB 17378— 海洋监测规范

GB 18421—2001 海洋生物质量标准

GB 18668—2002 海洋沉积物质量

GB/T 4789.3—2016 食品卫生微生物学检验　大肠菌群测定

GB/T 7467—1987 水质　六价铬的测定　二苯碳酰二肼分光光度法

GB/T 11893—1989 水质　总磷的测定　钼酸铵分光光度法

GB/T 11894—1989 水质　总氮的测定　碱性过硫酸钾消解紫外分光光度法

GB/T 11895—1989 水质　苯并[a]芘的测定　乙酰化滤纸层析荧光分光光度法

GB/T 11911—1989 水质 铁、锰的测定 火焰原子吸收分光光度法
GB/T 11912—1989 水质 镍的测定 火焰原子吸收分光光度法
GB/T 11913—1989 水质 溶解氧的测定 电化学探头法
GB/T 12998—1991 水质 采样技术指导
GB/T 12999—1991 水质 采样样品的保存和管理技术规定
GB/T 13192—1991 水质 有机磷农药的测定气相色谱法
GB/T 13193—1991 水质 总有机碳的测定 非色散红外线吸收法
GB/T 13198—2009 水质 六种特定多环芳烃的测定 高效液相色谱法
GB/T 17826—1999 海洋生物分类代码
HY/T 069—2005 赤潮监测技术规程

【学习目标】

知识目标

1. 熟练掌握近岸海域环境监测过程中的站位布设、样品采集、保存、运输；
2. 熟悉近岸海域水质监测、沉积物质量监测、海洋生物监测、潮间带生态监测、海洋生物体污染物残留量监测等环境质量例行监测方法；
3. 了解近岸海域环境监测实验室分析等各个环节以及监测方案和监测报告编制的一般要求。

能力目标

1. 能够完成近岸海域环境监测过程中的站位布设、样品采集、保存、运输；
2. 会进行实验室样品分析及监测方案和监测报告的编制；
3. 能进行近岸海域水质监测、沉积物质量监测、海洋生物监测、潮间带生态监测、海洋生物体污染物残留量监测等环境质量例行监测。

素质目标

1. 提高学生保护环境，爱护海洋的意识；
2. 培养学生求真务实、一丝不苟的工作作风。

【基本概念】

近岸海域

与沿海省、自治区、直辖市行政区域内的大陆海岸、岛屿、群岛相毗连，《中华人民共和国领海及毗连区法》规定的领海外部界限向陆一侧的海域。渤海的近岸海域，为自沿岸低潮线向海一侧 12 海里以内的海域。

特征参数

本标准引用的特征参数是指大型海岸工程在施工和生产过程中所产生的影响海域环境质量的污染物；明显改变海岸线和海底地形的水文动力要素(如海流、水深)；生态敏感目标生物。

近岸海域环境功能区

为适应近岸海域环境保护工作的需要，依据近岸海域的自然属性和社会属性以及海洋自然资源开发利用现状，结合本行政区国民经济、社会发展计划与规划，对近岸海域按照

不同的使用功能和环境保护目标而划定的海洋区域。
例行监测
　　例行监测是确定近岸海域环境质量状况及其变化发展趋势的一种监测类别，是沿海地区环境监测部门依法实施的常规监测工作内容之一，具有较长的监测周期性。其监测任务一般由上级环保行政主管部门下达。全国近岸海域环境质量例行监测工作，主要由全国近岸海域环境监测网各成员单位共同承担。
专题监测
　　专题监测是基于为反映特殊区域、对象的环境状况和环境管理需求所开展的监测类别，从本质上与例行监测并没有质的区别，但其针对性和机动性强，往往与社会服务和环境管理有着更直接的关系，一般包括近岸海域环境功能区环境质量监测、海滨浴场水质监测、陆域直排海污染源环境影响监测、海岸工程环境影响监测和赤潮多发区环境监测等方面。
应急监测
　　应急监测是指在突发性海域污染损害事件发生后，立即实施的对事发海域的污染物性质、强度、侵害影响范围、持续影响时间和资源损害程度等的短周期性监测。应急监测的主要目的是及时、准确掌握和通报事件发生后的污染动态和影响，为其善后处理和环境恢复提供科学依据。同时，为执法管理和经济索赔提供客观公正的环境评估报告。
科研监测
　　科研监测又称研究性监测，属于较高层次，水平和技术比较复杂的一种监测工作，是监测工作及其监测工作能力不断深化和提高的重要途径。如为开展污染物迁移变化趋势和规律的研究、海域环境容量的研究、环境质量新指标和监测新技术的研究等而进行的监测活动。
富营养化
　　富营养化是指自养型生物(主要是浮游植物)在水中建立优势的过程。由于流域周围生活污水、工业废水排放，农业径流以及畜牧、水产、旅游的影响，可造成氮、磷、有机物等营养元素大量进入水体(如湖泊、水库、海域)，使浮游生物特别是某些特征性藻类等浮游生物异常繁殖，有机物的分解消耗水中大量的溶解氧，导致溶解氧降低，促使生物窒息而死，大量的有机体在微生物的作用下分解氧化释放出甲烷、硫化氢、二氧化碳等使水质变坏发臭，使水体生态系统与水体功能受到损害与破坏，加速水体老化过程。
浮游植物
　　浮游植物是一类自养性的浮游生物，多为单细胞植物，具有叶绿素或其他色素体，能吸收光能和二氧化碳进行光合作用，自行制造有机体(主要是碳水化合物)。主要包括硅藻、甲藻、绿藻、蓝藻、金藻、黄藻以及藻类孢子等，它们是水域的主要生产者。
浮游动物
　　生活于水层中被动地移动的细小动物统称为浮游动物。包括浮游的原生动物、腔肠动物、软体动物的翼足类和异足类、甲壳动物、毛颚动物、被囊动物、浮游幼虫以及其他门类中的个别浮游种类等。按个体大小可分为巨型浮游动物、大型浮游动物、中小型浮游动物和微型浮游动物。本标准中的大型浮游动物、中小型浮游动物分别指使用浅水Ⅰ、Ⅱ型浮游生物网采集到的浮游动物。

底栖生物

生活于水域底上、底内或接近于底上的动植物，统称为底栖生物。包括从单细胞藻类、原生动物到鱼类的众多门类。本标准中的底上生物和底内生物分别指使用阿氏拖网和静力式采泥器采集到的底栖生物。

微生物

个体很小，一般需借助显微镜才能辨认的许多类群的生物，广义的微生物包括细菌、放线菌、霉菌、酵母菌、螺旋体、立克次氏体、支原体、衣原体、病毒、类病毒、原生动物及单细胞藻类。.

群落结构

生物群落总体水平上的特征之一，也是群落一系列属性中最主要的一项。群落结构包括营养结构、空间结构(垂直分布和水平分布)、时间结构(昼夜节律和季节性分布)和物种结构等各个方面。

优势种

生态系统或群落中，数量多、出现频率高的物种。

种类多样性

群落内或生态系统中物种的多寡和不均匀性。

均匀度

反映群落结构均匀性的指数。

丰度

表示群落(或样品)中种类丰富程度的指数。

指示生物

能标志一个水团或某种特殊环境的生物。

生物体污染物残留量

生物通过直接吸收和(或)食物链摄取过程不断将污染物在体内累积的含量。如果污染物浓度超过一定的水平就会影响生物正常的新陈代谢，阻碍生物的生长发育等。

潮间带

大潮高潮线和大潮低潮线之间的海岸地带，也就是海水涨至最高时所淹没的地方开始，至海水退到最低时露出水面的区域范围。

生境损耗

因人类活动，使环境(包括生物因子和非生物因子)受到不正常的干扰，导致环境受到不同程度的损害和不良影响的一种生态现象。

赤潮

海洋中某一种或某几种浮游生物在一定环境条件下暴发性繁殖或高度聚集，引起海水变色，并影响和危害其他海洋生物正常生存的灾害性海洋生态异常现象。国际上称为"有害藻华"。

赤潮生物

大量繁殖或高度密集时能引起赤潮的浮游生物。包括原生动物、甲藻、硅藻和金藻等大类。

陆源直排海污染源

一般指通过大陆岸线和岛屿岸线直接向海域排放污染物的污水排放单位,包括工业源、畜牧业源、生活源和集中式污染治理设施、市政污水排放口等。

单因子污染指数评价法

将某种污染物实测浓度与该种污染物的评价标准进行比较以确定水质类别的方法。在近岸海域环境质量评价中,某一监测站位的海水/沉积物/海洋生物等任一评价项目超过相应的国家(地方)评价标准的一类标准指标的($PI_i>1$),即为二类质量,超过二类标准指标的,即为三类质量,如所采用的评价标准中规定其质量分为3类,则超过3类标准指标的即为劣三类质量,依此类推。其计算公式为:

$$PI_i = \frac{c_i}{S_i}$$

式中　PI_i——某监测站位污染物 i 的污染指数;

　　　c_i——某监测站位污染物 i 的实测浓度;

　　　S_i——污染物 i 的评价标准。

pH 污染指数的计算公式为:

$$PI_{pH} = |pH - pH_{SM}|/D_s$$

其中,$pH_{SM} = \frac{1}{2}(pH_{su} + pH_{sd})$;$D_s = \frac{1}{2}(pH_{su} - pH_{sd})$

式中　PI_{pH}——pH 的污染指数;

　　　pH——pH 的实测值;

　　　pH_{su}——海水 pH 标准的上限值;

　　　pH_{sd}——海水 pH 标准的下限值。

溶解氧污染指数的计算公式为:

$$PI_{DO} = \begin{cases} |DO_f - DO|/(DO_f - DO_S), & DO \geq DO_S \\ 10 - 9DO/DO_S, & DO < DO_S \end{cases}$$

式中　PI_{DO}——溶解氧的污染指数;

　　　DO——溶解氧的实测浓度;

　　　DO_S——溶解氧的评价标准;

　　　DO_f——饱和溶解氧。

训练任务 1　监测方案

1.1　监测方案

1.1.1　资料准备

监测方案编制前，应收集下列基本资料：监测海域的地形、地貌和水文气象资料；监测海域的污染源资料，包括陆域污染源和海上污染源；监测海域的海洋功能区划、环境功能区划；沿海地区经济、社会发展规划资料；监测海域的海洋资源开发利用现状及存在的主要环境问题；监测海域环境监测历史资料。

1.1.2　编制原则

监测方案的编制遵循以下原则：满足监测任务所规定达到的要求；符合相关监测技术标准；充分利用现有资料和成果；立足现有监测设备和人员条件；实用性和操作性强。

1.1.3　基本内容及要求

1.1.3.1　监测目的

近岸海域环境监测一般分为环境质量例行监测、专项监测、应急监测和科研监测等。根据监测任务的要求，阐明监测任务的由来、性质、监测目的和要达到的目标等。

1.1.3.2　监测范围和站位设置

根据监测目的和性质，明确监测范围，一般以经纬度框定，特定区域也可以用地名表述。

在监测范围内设置合理的监测站位，监测站位必须标明站位号码，并明确具体的经纬度。监测站位的布设以能真实反映监测海域环境质量状况和空间趋势为前提，以最少量的站位所获得的监测结果能满足监测目标为原则。监测站位布设须综合考虑以下因素：

（1）一定的数量和密度，在突出重点的前提下（入海河口、重要渔场和养殖区、自然保护区、海上废弃物倾倒区、环境敏感区），能总体反映监测海域环境全貌。

（2）污染源分布和海域污染状况。

（3）兼顾海域环境质量站位与近岸海域环境功能区的关系。

（4）兼顾各类环境介质站位的相互协调。

环境质量监测站位布设一般采用网格法，环境功能区监测站位一般设在环境功能区的中心位置，污染影响监测站位布设一般采用收敛型集束式（近似扇形）。

监测站位布设时还应注意：陆域直排海污染源环境影响监测和大型海岸工程环境影响监测等专题监测的对照站位应设在基本不受该类污染源或海岸工程的污染影响处，并避开主要航线、锚地、海上经济活动频繁区、排污口附近海区；沉积物质量监测站位布设时要考虑入海径流和潮汐作用的影响，一般与水质监测站位相一致；生物监测站位依据污染源、生物栖息环境状况，与水质、沉积物质量站位相协调。

1.1.3.3　监测内容、项目及其分析方法

根据监测目的和性质，确定监测内容。近岸海域环境监测的监测内容一般包括海水水质、沉积物质量、海洋生物及潮间带生态监测、生物体污染物残留量和简易水文气象等。

根据监测目的和监测海域的环境特征，选择监测项目。监测项目选择的参考原则为：

(1) 影响面广、持续时间长的海域主要超标污染指标和不易被微生物分解并能使海洋动植物发生病变的污染物应作为首选监测项目；

(2) 污染物入海量大，且被历年监测调查证实的海域主要污染物应选为监测项目；

(3) 监测海域特征污染物和根据社会经济发展确定的潜在主要污染物应选为监测项目；

(4) 选择的监测项目，在实施阶段有可靠、成熟的监测方法和监测设备支持，并能保证获得有意义的监测结果；

(5) 监测所获得的数据要有可评价的标准或可通过比较分析能作出确定的解释和判断，否则这类参数所获得的监测结果将失去其现实意义(科研监测除外)。

根据现有实验室条件选择符合有关技术标准的分析方法。首先选用国家标准分析方法，其次选用统一分析方法或行业分析方法。如尚无上述分析方法，可采用ISO、美国EPA和日本JIS方法体系等其他等效分析方法，但应经过验证合格，其检出限、准确度和精密度应能达到质量控制要求。

1.1.3.4 监测频率

根据监测目的、性质和内容，确定监测频率与时间。

1.1.3.5 进度安排

根据监测任务的需要，明确监测过程中准备工作、外业采样、实验室分析、数据汇总整理、报告编写、成果鉴定或验收等各阶段的时间进度安排。

1.1.3.6 组织分工

根据监测内容和项目，明确监测任务各承担单位或岗位的职责和任务，一般分单位间的组织分工和单位内各工作岗位的组织分工。明确项目总负责人或首席科学家、各工作岗位的负责人和责任人及其职责和任务。明确各个环节的工作流程、注意事项与安全保障要求。

1.1.3.7 数据管理

根据监测报告制度或业务主管部门的规定，或与监测任务委托方签订的技术合同要求，对监测任务承担单位提出监测资料内容、形式和时间的上报或归档要求。

1.1.3.8 质量保证

对监测工作全过程，包括准备工作、样品采集、处理和运输、实验室分析、数据处理等各个环节，规定质量保证措施。对于近岸海域环境监测，应特别注意监测用船和采样设备的防玷污处理。

1.1.3.9 监测成果形式

根据监测任务的要求，明确监测成果的形式，一般由上级业务主管部门或监测任务委托方确定。

1.1.3.10 经费预算

根据监测内容、项目、监测频次和预计样品数量，估算监测所需经费，一般包括监测用船租用(含油料消耗)、外业作业人员的旅差与伙食补贴等、样品采集和分析测试、监测方案和监测报告编制、不可预计费(基于海上作业影响因素的复杂性)、税金等。

1.2 海上调查采样安全保障要求

1.2.1 海上采样人员安全要求

(1) 出海调查人员应熟悉所用船舶的应变部署系统,掌握应变部署和自救办法,掌握消防知识及消防器材的使用方法。

(2) 采样作业须待到船舶稳定后方可进行。

(3) 采样作业期间,在船舷操作人员必须穿戴工作救生衣,并戴好安全帽,任何人员禁止穿拖鞋上甲板。

(4) 夜间作业,甲板上每个岗位至少 2 人,禁止单独上甲板操作。

(5) 在每个作业区各设安全监督员 1 名,其职责为监督和督促工作人员按安全要求进行操作。

(6) 航次期间,船舶靠泊港口、码头后,所有人员不准随意上岸,需上岸的人员须征得有关领导同意后方可上岸,并在规定时间内及时回船,并须 3 人以上结伴同行。

1.2.2 海上调查采样注意事项

(1) 船舶到监测站位前 5 min,各采样岗位有关人员应进入准备状态。

(2) 海上作业必须防风浪袭击,甲板上堆存的装备、物品必须用绳索捆绑固定,必要时加盖防雨布。

(3) 实验室仪器、试剂等均应预先固定,防止翻倒,玻璃器皿等要防止滑落、打翻。

(4) 防火、防爆、设备保护及事故救护等应遵守船舶的各项安全管理规定。

训练任务 2 数据记录、处理与报告

2.1 数据记录与处理

2.1.1 原始记录

现场监测采样、样品保存、样品传输、样品交接、样品处理和实验室分析的原始记录是监测工作的重要技术资料,应在记录表格或记录本上按规定格式,对各栏目认真填写。记录表(本)应统一编号,个人不得擅自销毁,用完按其保存价值,分类归档保存。

原始记录应字迹端正,不得涂抹。需要改正错记时,在错的数字上画一横线,将正确数字补写在其上方,并在其右下方盖章或签名,不得撕页。

海上现场采样原始工作记录应使用硬质铅笔书写,以避免被海水沾糊。原始记录按存档要求誊印,一并存档。

原始记录必须有填表人、测试人、校核人签名,并随监测结果同时报出。

低于检出限的测试结果,用"<最低检出限(数值)"表示。

2.1.2 测量数据的有效数字及规则

表示测试结果的量纲及其有效数字位数,应参照该分析方法中具体规定填报。若无此规定时,一般一个数据中只准许末尾一个数字是估计(可疑)值。有效数字位数与所采用的测定方法、使用的仪器设备精度及待测物质含量有关,一般容量法和重量法可有 4 位有效数字,分光光度法、原子吸收法、气相色谱法等通常最多只有 3 位有效数字,当待测物质含量较低时只有 2 位有效数字。带有计算机处理的分析仪器,其打印或显示结果的数字位数较多时并不代表其有效位数的增加。在一系列操作中,使用多种计量仪器时,有效数字以最少一种计量仪器的位数表示。

2.1.3 数据处理

数值修约执行 GB/T 8170—2008,对异常值的判断和处理执行 GB 4883—2008。

监测数据产生后,在对数据准确性确认后进行必要的统计,其中未检出部分按检出限的 1/2 量参加统计计算。各要素的数据统计一般规则如下:

水质:各监测项目的平均值以算术均值表示(其中 pH 值一般不进行平均值计算,如需要按下列公式计算平均值),以样品个数为计算单元。超标率统计也以样品个数为计算单元。水质类别评价计算以站位为计算单元。

pH 值的平均值计算公式为:$pH_{平均} = -\lg c(H')_{平均}$

$$c(H')_{平均} = \frac{\sum_{i=1}^{n} c(H^+)}{n}$$

$$c(H')_i = 10^{-pH_i}$$

式中 $pH_{平均}$——参与统计的所有样品的 pH 值平均值;

pH_i——第 i 个样品的 pH 值;

n——样品个数。

沉积物质量：同水质，各监测项目的平均值以算术均值表示。

海洋生物：微生物的平均值以几何平均值表示，其他叶绿素 a、浮游生物、底栖生物及潮间带生物等项目的平均值以算术均值表示。

2.1.4 数据上报

全国近岸海域环境监测网数据上报采用二级报送方式，即承担全国近岸海域环境质量例行监测任务的网络成员单位将监测数据同时上报至各自所在海域的近岸海域环境监测分站和省环境监测中心（站）；各分站报送至中国环境监测总站和近岸海域环境监测中心站，近岸海域环境监测中心站报送至中国环境监测总站的双轨模式。

2.2 监测报告

2.2.1 基本要求

每项近岸海域环境监测工作任务（包括年度工作）完成后，应以科学的监测数据为基础，用简练的文字配以图表正确阐述和评价监测海域的水文、水质、沉积物质量、海洋生物等环境质量现状，分析环境质量的变化原因、发展趋势及存在的主要问题，并针对存在的问题提出适当的对策与建议。报告编写要突出科学、准确、及时、可比和针对性，对质量分析体现综合性和严谨性。

2.2.2 主要内容

近岸海域环境监测报告应依据监测任务、目的、内容和具体要求编写，应包括以下全部或部分内容。

（1）前言

项目任务来源、监测目的、监测任务实施单位、实施时间与时段、监测船只与航次及合作单位等的简要说明。

（2）综述

概括阐述主要监测结果与评价分析结论，说明监测海域存在的主要环境问题。

（3）监测海域环境概况

简述监测海域自然概况、沿海地区社会经济状况、海洋自然资源状况及开发利用情况、环境功能区划等。

（4）监测工作概况

以图表说明监测区域与范围，监测站位布设并用具体经纬度表及监测站位图说明，监测时间与频率，监测内容（包括监测及观测项目、采样方法、分析方法和仪器设备），采用的评价标准、评价项目及评价方法，全过程的监测质量保证与质量控制情况及总体质控结论等。

（5）近岸海域环境监测结果与现状评价

主要包括水文气象观测、水质、沉积物质量、海洋生物（微生物、叶绿素 a、浮游植物、浮游动物、底栖生物及赤潮生物）、生物体污染物残留量、潮间带生态、环境灾害（赤潮与污染事故）等监测结果与调查情况。

根据监测结果对近岸海域环境质量进行现状评价，主要包括水质、富营养化、沉积物质量、海洋生物、生物体污染物残留量、潮间带生态及海域环境功能区达标状况等。其中海洋生物评价内容应含生物数量及分布、物种多样性与生物多样性、生物群落结构与分布（种类、密度）状况、优势种类等内容；潮间带生态应含水质、沉积物质量、生物（生物多样性、生物群落结构与分布状况、特定/优势种类)等内容。

(6)近岸海域环境质量趋势分析

针对近岸海域环境质量现状监测及评价结果,进行同一区域不同时段或多时段比较,不同区域同一时段比较,并进行必要的变化趋势分析与预测评价,包括区域内各指标在空间与时间上的变化原因分析。

(7)近岸海域环境保护对策与建议

依据近岸海域环境质量现状评价及趋势分析结果,阐述存在的主要环境问题及其发展趋势,提出环境保护对策与建议。

训练任务 3　水质监测

3.1　站位布设

近岸海域环境质量监测站位一般采用网格法布点,兼顾海洋水团、水系锋面,重要渔场、养殖场,重要的海湾、入海河口,环境功能区、重点风景区、自然保护区、废弃物倾倒区以及环境敏感区等具有典型性、代表性的海域,必要时可适当增加站位密度,并尽可能沿用历史监测站位。站位设置时尽量避开航道、锚地、海洋倾废区以及污染混合区。

3.2　监测时间与频率

水质监测一般每年 2~3 次,时间大致为 3~5 月、7~8 月、10 月,最后一期监测外业工作应在 10 月底前完成。

3.3　监测项目

必测项目:水深、盐度、水温、悬浮物、pH、溶解氧、化学需氧量、生化需氧量、活性磷酸盐、无机氮(亚硝酸盐氮、硝酸盐氮、氨氮)、非离子氨、汞、镉、铅、铜、锌、砷、石油类。

选测项目:海况、风速、风向、气温、气压、天气现象、水色(臭和味)、粪大肠菌群、浑浊度、透明度、漂浮物质、硫化物、挥发性酚、氰化物、六价铬、总铬、镍、硒、阴离子表面活性剂、六六六、滴滴涕、有机磷农药、苯并[a]芘、多氯联苯、狄氏剂、氯化物、活性硅酸盐、总有机碳、铁、锰。

3.4　样品采集与管理

3.4.1　采样准备

采样监测用船见前述"监测用船"。

水质采样器应具有良好的注充性和密闭性,材质要耐腐蚀、无玷污、无吸附,能在恶劣气候和海况条件下操作,一般可采用抛浮式采水器采集石油类样品,Niskin 球盖式采水器采集表层水样,GO-FLO 阀式采水器进行分层采样,也可结合 CTD 参数监测器联用的自动控制采水系统进行各层次水样的采集。

水样容器要选择合适的材质,并专瓶专用,以防样品交叉污染,使用前必须彻底清洗,并根据质量控制要求进行容器的空白检验,检验合格方可使用。海水样品处理、保存和容器的洗涤方法见表 5-1 所列。

表 5-1　海水样品处理、保存和容器的洗涤

测定项目	容器	样品量 /mL	处理方式	保存方法	最长保存时间/ h	容器洗涤
pH	P、G	50		现场测定	2	I
水色						
粪大肠菌群	G	60		现场测定	2	I
悬浮物	P、G	1000		冷藏,暗处保存,最好现场过滤	24	I

（续）

测定项目	容器	样品量/mL	处理方式	保存方法	最长保存时间/h	容器洗涤
浊度	P、G	50		冷藏，暗处保存，最好现场测定	24	I
溶解氧	G	50~250		加 $MnCl_2$ 和碱性 KI，现场测定	4~6	I
化学需氧量	G、P[a]	300	0.45 μm 滤膜过滤[b]	冷藏，加硫酸 pH<2，−20℃冷冻，最好现场测定	4~6 或 7 d	I
生化需氧量	G	1000		冷藏，最好现场测定	6	I
氨氮	P、G	50	0.45 μm 滤膜过滤	现场测定或−20℃冷冻	4~6 或 7 d	II
硝酸盐氮	P、G	50	0.45 μm 滤膜过滤	现场测定或−20℃冷冻	4~6 或 7 d	II
亚硝酸盐氮	P、G	50	0.45 μm 滤膜过滤	现场测定或−20℃冷冻	4~6 或 7 d	II
活性硅酸盐	P	50	0.45 μm 滤膜过滤	现场测定或−20℃冷冻	4~6 或 7 d	II
活性磷酸盐	P、G	50	0.45 μm 滤膜过滤	现场测定或−20℃冷冻	4~6 或 7 d	II
总有机碳	G	100	0.45 μm 滤膜过滤	加磷酸 pH<4，冷藏	7 d	I
有机氯农药	G	500	现场萃取	或加硫酸 pH<2，冷藏	7 d	III
有机磷农药	G	500	现场萃取	或加硫酸 pH<2，冷藏	7 d	III
狄氏剂	G	2000	现场萃取	冷藏	10 d	III
多氯联苯	G	2000	现场萃取	冷藏	7 d	III
多环芳烃	A	2000	现场萃取	冷藏	7 d	III
挥发性酚	BG	500		加磷酸 pH<4，加 1 g $CuSO_4$	24	I
氰化物	G	500		加 NaOH，pH>12	24	I
硫化物	G	1000		加 2 mL 50 g/L ZnAc 和 2 mL 40 g/L NaOH	7 d	I
阴离子表面活性剂	G	500		加硫酸 pH<2	48	III
重金属	P	500~1000	0.45 μm 滤膜过滤	加硝酸 pH<2	90 d	IV
石油类	G	500~1000		加硫酸 pH<2，现场萃取后冷藏	48	III
汞	G、BG	100~500	0.45 μm 滤膜过滤[b]	加硫酸 pH<2	90 d	IV
砷	P	50~200	0.45 μm 滤膜过滤	加硝酸 pH<2	90 d	IV

注：（1）P-聚乙烯容器；G-玻璃容器；BG-硼硅玻璃容器；A-琥珀容器。
（2）洗涤方法 I 表示：洗涤剂洗 1 次，自来水洗 3 次，去离子水洗 2~3 次；
洗涤方法 II 表示：无磷洗涤剂洗 1 次，自来水洗 2 次，1+3 盐酸浸泡 24 h，去离子水清洗；
洗涤方法 III 表示：铬酸洗液洗 1 次，自来水洗 3 次，去离子水洗 2~3 次，萃取液 2 次；
洗涤方法 IV 表示：洗涤剂洗 1 次，自来水洗 2 次，R3 硝酸浸泡 24 h，去离子水清洗。
a. 冷冻保存；
b. 如测试非过滤态，则不经过滤直接按上表保存方法进行样品处理。

3.4.2 采样层次

采样层次见表 5-2 所列。

表 5-2 采样层次

水深范围/m	标准层次/m
<10	表层
10~24	表层，底层
大于 25	原则上分 3 层，可视水深酌情加深

注：(1) 表层系指海面以下 0.1~1 m；

(2) 底层，对河口及港湾海域最好取离海底 2 m 的水层，深海或大风浪时可酌情增大离底层的距离。

3.4.3 样品采集

项目负责人或首席科学家负责同船长协调海上作业与船舶航行的关系，在保证安全的前提下，航行应满足监测作业的需要。按监测方案要求，获取样品和资料。

水样分装顺序的基本原则是：不过滤的样品先分装，需过滤的样品后分装；一般按悬浮物和溶解氧(生化需氧量)→pH→营养盐→重金属→化学需氧量(其他有机物测定项目)→叶绿素 a→浮游植物(水采样)的顺序进行；如化学需氧量和重金属汞需测试非过滤态，则按悬浮物和溶解氧(生化需氧量)→化学需氧量(其他有机物测定项目)→汞→pH→盐度→营养盐→其他重金属→叶绿素 a→浮游植物(水采样)的顺序进行。

在规定时间内完成应在海上现场检测的样品，同时做好非现场检测样品的预处理。

采样时应注意：在大雨等特殊气象条件下应停止海上采样工作；船到站前 20 min，停止排污和冲洗甲板，关闭厕所通海管路，直至监测作业结束；严禁用手污染所采样品，防止样品瓶塞(盖)污染；观测和采样结束，应立即检查有无遗漏，然后方可通知船方起航；遇有赤潮和溢油等情况，应按应急监测规定要求进行跟踪监测。

3.4.4 样品标识和记录

采样前应对样品瓶做好唯一性标记。采样瓶注入样品后，立即将样品信息在采样记录表中用硬质铅笔进行详细记录，要求内容齐全，各项内容应符合"原始记录"要求。

3.4.5 样品保存与运输

(1) 基本要求

①抑制微生物作用；

②减缓化合物或络合物的水解及氧化还原作用；

③减少组分的挥发和吸附损失；

④防污染。

(2) 保存方法

①冷藏(冻)法　样品在 4°C 冷藏或将水样迅速冷冻，在暗处贮存，但冷藏温度要适宜，冷藏贮存海水样品不能超过规定的保存期；

②充满容器法　采样时要使样品充满容器，盖紧塞子，加固不使其松动；

③化学法　加入化学试剂控制溶液 pH 值；加抗菌剂；加氧化剂；加还原剂。

水样保存的具体要求参见表 5-1 所列。

(3)样品运输

空样容器送往采样地点或装好样品的容器运回实验室供分析,应采取多种措施,防止破碎,保持样品完整性,使样品损失降低到最低程度。除现场测定样品外,所有样品都应及时运回实验室。

样品运输过程中应注意以下几点:

①样品装运前必须逐件与样品登记表、样品标签和采样记录进行核对,核对无误后分类装箱;

②塑料容器要拧紧内外盖,贴好密封带;

③玻璃瓶要塞紧磨口塞,然后用铝箔包裹,样品包装要严密,装运中能耐颠簸;

④用隔板隔开玻璃容器,填满装运箱的空隙,使容器固定牢靠;

⑤溶解氧样品要用泡沫塑料等软物填充包装箱,以免振动和曝气,并要冷藏运输;

⑥不同季节应采取不同的保护措施,保证样品的运输环境条件,在装运的液体样品容器侧面上要粘贴上"此端向上"的标签,"易碎——玻璃"的标签应贴在箱顶上;

⑦样品运输应附有清单,清单上注明实验室分析项目、样品种类和总数;

⑧设专门的样品保管室,并由专人负责样品及相应采样记录的交接,及时做好样品的保存与分析测试过程完成后的样品的清理;

⑨做好样品交接、保存与清理的过程记录。

3.5 分析方法

分析方法详见附录C 水文气象项目观测方法、附录D 水质监测项目分析方法。

3.6 水质评价

3.6.1 评价项目

一般选取pH、溶解氧、化学需氧量、石油类、活性磷酸盐、无机氮、非离子氨、汞、铜、铅、镉、锌、砷13项,也可根据不同的任务和实际需要作适当调整。

3.6.2 评价标准

海水水质评价标准按GB 3097—1997执行,计算样品超标率时统一采用二类海水水质标准。

3.6.3 评价方法

采用单因子污染指数评价法确定水质类别。

3.6.4 结果表述

(1)海水类别比例

水质类别通常以百分比来表示。

①按站位计算 以某一类别的监测站位数与监测站位总数的比值来表示,即某一类别水质的站位数之和占所有监测站位数总和的百分比。计算公式为:

$$某类别海水的百分比(\%) = \frac{某类别水质站位数之和}{监测站位总数} \times 100\%$$

②按面积计算 以达到某一类别水质标准的海域面积占监测海域总面积的比值来表示。各个监测站位代表一定的海域面积,用同一水质类别的面积之和,与所有站位所代表海域面积(总面积)相比,得出百分比。计算公式为:

$$某类别海水的百分比(\%) = \frac{某类别水质面积之和(km^2)}{监测海域面积总和(km^2)} \times 100\%$$

(2)主要污染物的确定

在一定的区域内,根据各监测项目(除 pH、DO)的实际监测结果,与 GB 3097—1997 二类海水标准值比较,以超标倍数和超标率大小综合考虑来确定主要污染物,当超标项目较多时,列出超标倍数和超标率最大的 3 项为主要污染物。超标项目(pH 和 DO 两项除外)的超标倍数和超标率计算方法如下:

$$超标倍数 = \frac{某监测项目的均值}{该监测项目的二类标准值} - 1$$

$$超标率(\%) = \frac{该监测项目超二类标准的样品数}{样品总数} \times 100\%$$

(3)定性评价

①在描述某一监测站位海水水质状况时,按表 5-3 的 5 种方法表征:水质优、水质良好、水质一般、水质差、水质极差。

表 5-3　海水水质级别表

水质类别	水质状况级别
一类海水	优
二类海水	良好
三类海水	一般
四类海水	差
劣四类海水	极差

②在描述某一区域整体水质状况时,按表 5-4 的 5 种方法表征:水质优、水质良好、水质一般、水质差、水质极差。

表 5-4　海水水质状况分级

确定依据	水质状况级别
一类≥60%且一类、二类≥90%	优
一类、二类≥80%	良好
一类、二类≥60%且劣四类≤30%； 或一类、二类<60%且一类至三类≥90%	一般
一类、二类<60%且劣四类≤30%；或 30%<劣四类≤40%； 或一类、二类<60%且一类至四类≥90%	差
劣四类>40%	极差

(4)海水主要水质类别的确定

方法一:以站位数来确定,当某一水质类别的站位数所占比例达 50% 及以上时,则可以指出该区域海水以某一水质类别为主;当最大比例的两个水质类别的站位数所占比例达 70% 及以上时,则该两个类别为主要水质类别。

方法二:以测点面积来确定,当某一海水类别的面积所占比例达 50% 及以上时,则可以指出该域海水以某一水质类别为主；当最大比例的两个水质类别的面积所占比例达70%及以上时，则该两个类别为主要水质类别。

当不满足以上条件时，不评价主要水质类别。

（5）监测指标空间分布特征

监测指标空间分布特征评价是将不同区域按照监测指标监测结果的平均值进行排序，以说明各区域的监测指标空间分布特征。

（6）富营养化状况

水质富营养化状况等级按表5-5等级划分指标来确定，富营养化指数 E 的计算公式如下：

$$E = \frac{\text{化学需氧量} \times \text{无机氮} \times \text{活性磷酸盐}}{4500} \times 10^6$$

注：化学需氧量、无机氮、活性磷酸盐质量浓度单位为 mg/L。

表5-5 水质富营养等级划分指标

水质等级	贫营养	轻度富营养	中度富营养	重度富营养	严重富营养
富营养化指数	$E<1$	$1 \leqslant E < 2.0$	$2.0 \leqslant E < 5.0$	$5.0 \leqslant E < 15.0$	$E \geqslant 15.0$

训练任务4 沉积物质量监测

4.1 站位布设
监测站位布设同水质监测站位,根据实际需要可适当调整。

4.2 监测时间与频率
沉积物监测一般每两年进行一次,采样时间宜安排在5~8月。

4.3 监测项目
(1)必测项目

汞、镉、铅、锌、铜、砷、有机碳、石油类、粒度、六六六、滴滴涕、总氮、总磷。

(2)选测项目

色(臭、味)、废弃物及其他、大肠菌群、粪大肠菌群、硫化物、氧化还原电位、铬、多氯联苯、沉积物类型等。

4.4 样品采集与管理
4.4.1 样品的采集
(1)采样器和辅助器材

沉积物采样器一般要求用强度高、耐磨性能较好的钢材制成,使用前应除去油脂并清洗干净。根据不同需要,可采用掘式(抓式)采泥器、锥式(钻式)采泥器、管式采泥器和箱式采泥器。掘式(抓式)采泥器适用于采集较大面积的表层样品;锥式(钻式)采泥器适用于采集较少的沉积物样品;管式采泥器适用于采集柱状样品;箱式采泥器适用于大面积、一定深度沉积物样品的采集。

辅助器材一般包括绞车(电动或手摇绞车)、接样盘(木质或塑料制成)、塑料刀、勺、烧杯、记录表格、塑料标签卡、铅笔、记号笔、钢卷尺、接样箱等。

(2)样品容器选择与处理

用于贮存沉积物样品容器主要为广口硼硅玻璃瓶、聚乙烯袋或聚苯乙烯。聚乙烯和聚苯乙烯容器适于痕量金属样品的贮存。湿样测定项目和硫化物等样品的贮存不能采用聚乙烯袋,可用棕色广口玻璃瓶作容器。用于分析有机物的沉积物样品应置于棕色玻璃瓶中,瓶盖应衬垫洁净铝箔或聚四氟乙烯薄膜。聚乙烯袋的强度有限,使用时可用两只袋子双层加固并要使用新袋,不得印有任何标识和字迹。样品容器使用前须用(1+2)硝酸浸泡2~3 d,用去离子水清洗干净、晾干。

(3)表层样品采集操作

表层沉积物样品一般用掘式采泥器采集。具体操作:将采泥器与钢丝绳末端连接好,检查是否牢靠,测量采样点水深;慢速启动绞车,提起已张口的采泥器,用手扶送慢速放入水中,稳定后常速放至离底3~5 m,全速放入底部,然后慢速提升采泥器,离底后快速提升;将采泥器降至接样盘上,打开采泥器耳盖,轻斜采泥器使上部水缓缓流出,再进行定性描述和分装。

表层沉积物的分析样品一般取上部0~2 cm的沉积物,采样量参照表5-6所列。如一次采样量不足,应再次采样。

(4)柱状样的采集

垂直断面沉积物样品用重力采样器采集。具体操作:船到采样点后,先采集表层沉积物样品,以了解沉积物类型,若为沙质则不宜采柱状样;将采样管与绞车连接好,并检查是否牢固;慢速启动绞车,用手扶采样管下端小心送至船舷外,用钩将其慢慢放入水中;待采样管在水中停稳后,按常速将其降至离底 5~10 m 处,视重力和沉积物类型而定,再以全速砸入沉积物中;慢速提升采样管,离开沉积物后再快速提升至水面,出水面后减速提升,待采样管下端高过船舷后立即停车,用铁钩钩住管体将其转入船舷内,平放在甲板上;小心倾倒出管上部的积水,测量采样深度,再将柱状样缓缓挤出,按序接放在接样箱上,进行描述和处理;清洗采样管,备好待用;若柱状样品长度不够或重力采样管斜插入沉积物时,视情况重新采样。

沉积物柱状样大多用于科研监测,根据采样所在区域沉降速率及研究要求对样柱进行分段。一般样柱上部 30 cm 内按 5 cm 间隔、下部按 10 cm 间隔(超过 1 m 时酌定)用塑料刀进行分段,并根据研究要求对每段样品按纵向分成若干份进行相应项目的监测分析。

4.4.2 样品的现场描述

样品分装前及时作好沉积物的颜色、臭度、厚度、沉积物类型等现象的描述,并详细记录。

4.4.3 样品的标志和记录

样品瓶事先编号,装样后贴上标签,用记号笔将站号写在容器上,以免标签脱落弄乱样品;塑料袋上需贴胶布,用记号笔注明站号,并将写好的标签放入袋中扎口封存,并认真做好采样详细记录。

4.4.4 样品的保存与运输

按表5-6保存条件进行样品分装和保存,样品容器要盖紧盖子,以避免任何污染或蒸发。运输时注意防止容器破裂。

沉积物样品的保存条件见表5-6所列。

表5-6 沉积物样品的保存条件

项目	样品量/g	贮存容器	贮存条件和时间
多氯联苯	40	G-W(S),TFE	<4℃,14 d
有机氯农药	40	G-W(S),TFE	<4℃,14 d
硫化物*	40	G-W(S),TFE	<4℃,14 d 充氮气
汞*	50	P-W、G-W	<4℃,14 d
粒度*	50	PE、PS	<4℃,180 d
氧化还原电位	—	PE、PS	立即测定
重金属	100	P-W、G-W	<4℃,80 d
有机碳,石油类	40	G-W(S),TFE	<4℃,7 d

注:PE-聚乙烯;PS-聚苯乙烯;G-W-广口玻璃瓶;P-W-广口塑料瓶;(S)-用溶剂洗漆;TFE-衬帽。

*为湿样测定。

4.4.5 样品制备

(1) 测定重金属样品的制备

将聚乙烯袋中的湿样转到洗净并编号的瓷蒸发皿中,置于 80~100℃ 烘箱内,排气烘干。将烘干的样品摊放在干净的聚乙烯板上,用聚乙烯棒将样品压碎,剔除砾石和颗粒较大的动植物残骸。将样品装入玛瑙钵中。放入玛瑙球,在球磨机上粉碎至全部通过 160 目。也可用玛瑙研钵手工粉碎,用 160 目尼龙筛加盖过筛,严防样品逸出。

将加工后的样品充分混匀,缩分分取 10~20 g,放入样品袋(此袋上已填写样品的站号、层次等),送各实验室进行分析测定。其余样品盛入 250 mL 聚乙烯瓶,盖紧瓶塞,留作副样保存。

(2) 测定有机物样品的制备

将样品摊放在已洗净并编号的搪瓷盘内,置于室内阴凉的通风处,不时地翻动样品并把大块压碎,以加速干燥,制成风干样品,或直接将样品置于冷冻干燥机中风干。将风干样品摊放在聚乙烯板上,用聚乙烯棒将样品压碎,剔除砾石和颗粒较大的动植物残骸。然后在球磨机上粉碎或用瓷研钵手工粉碎至全部通过 80 目金属筛,注意加盖过筛,严防样品逸出。

将加工后的样品充分混匀,缩分分取 40~60 g,放入样品袋(此袋上已填写样品的站号,层次等),送各实验室进行分析测定。其余样品盛入 250 mL 磨口玻璃瓶,盖紧瓶塞,留作副样保存。

4.5 分析方法

分析方法详见附录 E 沉积物质量监测项目分析方法。

4.6 沉积物质量评价

4.6.1 评价项目

评价项目一般为汞、镉、铅、锌、铜、砷、有机碳、石油类 8 项,也可根据不同的任务和实际需要作适当调整。

4.6.2 评价标准

采用 GB/T 18668—2002。

4.6.3 评价方法

用单因子污染指数评价法确定沉积物质量类别。

4.6.4 结果表述

4.6.4.1 沉积物质量类别比例

沉积物质量类别通常以百分比来表示。

(1) 按站位计算

以某一类别的监测站位数与监测站位总数的比值来表示,即某一类别沉积物质量的站位数之和占所有监测站位数总和的百分比。计算公式为:

$$某类别沉积物质量的百分率(\%) = \frac{某类别沉积物质量站位数之和}{监测站位总数} \times 100\%$$

(2) 按面积计算

以达到某一类别沉积物质量标准的海域面积占监测海域总面积的比值来表示。各个监测站位代表一定的海域面积,用同一沉积物类别的面积之和,与所有站位所代表海域面积

(总面积)相比,得出百分比。计算公式为:

$$某类别沉积物质量的百分率(\%) = \frac{某类别沉积物质量面积之和(km^2)}{监测海域面积总和(km^2)} \times 100\%$$

4.6.4.2　主要污染物的确定

在一定的区域内,根据各监测项目的实际监测结果,与 GB 18668—2002 标准值比较,以超标倍数和超标率大小综合考虑来确定主要污染物,当超标项目较多时,列出超标倍数和超标率最大的 3 项为主要污染物。超标倍数和超标率计算方法如下:

$$超标倍数 = \frac{某监测项目的均值}{该监测项目的标准值} - 1$$

$$超标率(\%) = \frac{该监测项目超标样品数}{样品总数} \times 100\%$$

4.6.4.3　定性评价

(1)在描述某一监测站位沉积物质量状况时,按表 5-7 的 4 种等级描述:沉积物质量优良、沉积物质量一般、沉积物质量差、沉积物质量极差。

表 5-7　沉积物质量级别表

沉积物质量类别	沉积物质量级别
一类沉积物质量	优良
二类沉积物质量	一般
三类沉积物质量	差
劣三类沉积物质量	极差

(2)在描述某一区域整体沉积物质量状况时,按表 5-8 的方法表征:沉积物质量优良、沉积物质量一般、沉积物质量差、沉积物质量极差。

表 5-8　沉积物质量分级

确定依据	水质状况级别
优于二类沉积物质量比例≥85	优良
优于二类沉积物质量比例<85%,且劣三类沉积物质量比例≤30%	一般
优于二类沉积物质量比例<85%,且30%<劣三类沉积物质量比例≤50%	差
劣三类沉积物质量比例≥50%	极差

(3)主要沉积物质量类别的确定

方法一:以站位数来确定,当某一沉积物质量类别的站位数所占比例达 50% 及以上时,则可以指出该区域沉积物质量以某一类别为主;当最大比例的两个沉积物质量类别的站位数所占比例达 70% 及以上时,则该两个类别为主要沉积物质量类别。

方法二:以测点面积来确定,当某一沉积物质量类别的面积所占比例达 50% 及以上时,则可以指出该区域沉积物质量以某一类别为主;当最大比例的两个沉积物质量类别的面积所占比例达 70% 及以上时,则该两个类别为主要沉积物质量类别。

当不满足以上条件时,不评价主要沉积物质量类别。

4.6.4.4 监测指标空间分布特征

监测指标空间分布特征评价是将不同区域按照监测指标监测结果的平均值进行排序,以说明各区域的监测指标空间分布特征。

训练任务 5　海洋生物监测

5.1　站位布设

监测站位应覆盖或代表监测海域,以最少数量测站,满足监测目的需要和统计学要求;测站应考虑监测海域的功能区划和水动力状况,尽可能避开污染源;除特殊需要(因地形、水深和监测目标所限制)外,可结合水质或沉积物站位,采用网格式或断面等方式布设;开阔海区,测站可适当减少,半封闭或封闭海区,测站可适当加密;监测站位一经确定,不应轻易更改,不同监测航次的监测站位应保持不变。

5.2　监测时间与频率

例行监测原则上每年按春、夏、秋、冬进行4期监测,考虑实际监测能力,监测频率可酌情跨年度安排,监测时间可与水质监测结合。

5.3　监测项目

(1) 必测项目

浮游植物、大型浮游动物、叶绿素a、粪大肠菌群、底栖生物(底内生物)。

(2) 选测项目

初级生产力、赤潮生物、中小型浮游动物、底栖生物(底上生物)、大型藻类、细菌总数、鱼类回避反应。

5.4　样品采集与管理

5.4.1　采样层次

微生物采表层样。

叶绿素a采样层次同水质。

浮游植物定量样品采集层次同水质水样采集量500 mL或1000 mL,定性样品采集离底2 m垂直拖至表层。

浮游动物样品采集同浮游植物定性样品。

5.4.2　样品采样

采样前的准备根据调查项目、站位、层次,配备足量的样品瓶、固定剂及其他器材。选用合适的监测用船,具体要求见"监测用船"。

采样操作必须在船舶停稳以后才能进行,根据当时的气象及海流条件可适当调整采样的方位,以保证采样的方便、安全。

微生物采样使用无菌采水器,注意保证整个过程的无菌操作,避免玷污。

浮游生物采样使用浅水Ⅰ、Ⅱ、Ⅲ型浮游生物网,拖网速度为下网不超过1 m/s;起网约0.5 m/s。

底内生物采样使用0.1 m^2 的静力式采泥器,每站取5次;特殊情况下,不少于2次;若条件不许可,可使用0.05 m^2 的采泥器,但需增加采样次数。

底上生物采样使用阿氏拖网,拖网速度控制在2节左右,每站拖网时间为10 min。

5.4.3 固定、保存与运输

微生物样品采集后应尽快分析,时间不超过 2 h,否则,应将样品置于冰瓶或冰箱中,但也不得超过 24 h。

叶绿素 a 样品采集后要立即过滤,然后用铝箔将滤膜包裹起来,在 -20℃ 条件下干燥保存待测。

浮游植物水采样品加入 0.6%~0.8% 的鲁戈氏液(碘片溶于 5% 碘化钾溶液中形成的饱和溶液),网采样品加入 5%(体积分数)的甲醛溶液,摇匀。

浮游动物样品采集后加入 5%(体积分数)的甲醛溶液,摇匀。

底栖生物样品采集后经现场海水冲洗干净,暂时性保存用 5%~7%(体积分数)中性甲醛溶液,永久性保存用 75%(体积分数)丙三醇乙醇溶液或 75%(体积分数)乙醇。固定的样品,超过两个月未进行分离鉴定的,应更换一次固定液。

各类海洋生物样品的采集与保存方法见表 5-9 所列。

表 5-9 各类海洋生物样品的采集与保存方法

测项	器具名称	适用范围及采集对象	采集方法	容器	样品量/mL	贮存方法	贮存时间
微生物	无菌采水器	细菌等	表层	G	500	4℃	24 h
叶绿素 a	GO-FLO 采水器	叶绿素 a	分层	P、G	500~1000	避光 干燥 -20℃	30 d
浮游动物	浅水 I 型	大型浮游动物和鱼卵、仔稚鱼	垂直拖网	P、G	500	加固定剂 避光	永久
浮游动物	浅水 II 型	中、小型浮游动物	垂直拖网	P、G	500~1000	加固定剂 避光	永久
浮游植物(网采样品)	浅水 III 型	浮游植物	垂直拖网	P、G	200~500	加固定剂 避光	永久
浮游植物(水采样品)	GO-FLO 采水器	浮游植物	分层	P、G	500	加固定剂 避光	永久
底栖生物	阿氏拖网	底上生物	平拖	P、G		加固定剂 避光	永久
底栖生物	静力式采泥器	底内生物	采泥	P、G		加固定剂 避光	永久

注:P—聚丙烯容器,G—玻璃容器。

装有样品的容器在运往实验室的过程中,应采取多种措施保持样品完整性,防止破碎和倾覆;样品运输应附有清单,清单上注明分析项目、样品种类和数量。

5.4.4 采样记录、样品交接

海洋生物样品采集过程中必须认真做好记录,对于采样过程中出现的异常情况要做详细的记录。样品交接必须做好交接记录，同时备案。

5.5 分析方法

见附录 G 海洋生物分析方法。

5.6 海洋生物评价

5.6.1 评价参数

浮游植物、浮游动物及底栖生物的种类组成（特别是优势种分布）、种类多样性、均匀度和丰度以栖息密度等。

5.6.2 评价方法

海洋浮游生物、底栖生物用 Shannon-Weaver 生物多样性指数法、描述法和指示生物法，定量或定性评价海域环境对海洋浮游生物、底栖生物的影响程度。

多样性指数计算公式如下：

$$H' = -\sum_{i=1}^{S} \left(\frac{n_i}{N}\right) \log_2 \left(\frac{n_i}{N}\right)$$

式中　S——样品中的种类总数；

　　　N——样品中的总个体数；

　　　n_i——样品中第 i 种的个体数。

5.6.3 评价标准

生物多样性指数评价指标见表 5-10 所列。

表 5-10　生物多样性指数评价指标

指数 H'	$H' \geqslant 3.0$	$2.0 \leqslant H' < 3.0$	$1.0 \leqslant H' < 2.0$	$H' < 1.0$
生境质量等级	优良	一般	差	极差

5.6.4 结果表述

根据评价结果，确定海域环境对海洋生物的影响程度，即生物环境质量；通过定性或定量描述海域的生物种类、群落及结构组成，对照历史资料评价海洋浮游生物、底栖生物受海域环境影响的状况及变化趋势；根据指示生物种类的消失、出现、数量变化情况，评价海域环境特征污染物或环境质量状况及变化趋势。

训练任务6　潮间带生态监测

6.1　断面及测点布设

6.1.1　布设原则
选取人为影响小、具代表性的地点；断面位置有陆上标志，走向与海岸垂直；力求包括不同的环境如岩岸、沙滩、泥沙滩、泥滩。

6.1.2　布设方法
每一断面分潮带进行测点布设，高潮带布设2个测点，中潮带布设3个测点，低潮带布设1~2个测点。

6.2　监测内容与项目
监测内容包括潮间带生物、沉积物质量和水质。

(1) 必测项目
①潮间带生物　种类、群落结构、生物量及栖息密度；
②沉积物质量　有机碳、石油类、硫化物、沉积物类型；
③水质　水温、pH、盐度、溶解氧、石油类、营养盐等。

(2) 选测项目
①沉积物质量　总汞、镉、铅、砷、氧化还原电位；
②水质　化学需氧量、悬浮物质。

6.3　监测时间与频率
开展潮间带生态例行监测以前，应进行背景调查，综合调查拟监测断面春、夏、秋、冬四季潮间带生态背景情况。

实际监测可选取其中的1个或2个季节进行，监测时间应在调查月的大潮汛期间进行。

6.4　样品采集与管理
水质、沉积物质量样品的采集与管理参照"水质监测"和"沉积物质量监测"相关内容；潮间带生物样品采集与管理按GB 17378.7—2007的有关规定进行。

6.5　分析方法
参照附录D、附录E、附录F执行。

6.6　质量评价

6.6.1　水质评价
参照"项目5　训练任务3　水质监测"相关内容。

6.6.2　沉积物质量评价
参照"项目5　训练任务4　沉积物质量监测"相关内容。

6.6.3　潮间带生物评价
按前述"项目5　训练任务5　海洋生物监测"确定的评价参数、评价方法、评价标准和结果表述进行。

6.6.4　结果表述
根据水质、沉积物质量及潮间带生物，结合潮间带受人类干扰程度、生境损耗、感观指标，对照历史资料和现场调查资料，对目前的环境质量现状及变化趋势作出评价。

训练任务 7　生物体污染物残留量监测

7.1　站位布设
应能反映监测海域生物体受污染物影响的累积状况；能代表不同类型的生境(潮间带、潮下带和近岸海区)；尽可能避开污染源。

7.2　监测频率和时间
在生物成熟期进行监测，每年监测一次。根据各地的具体情况，一般在 8~10 月进行，不同年份的采样时间尽可能保持一致。

7.3　监测项目
必测项目：总汞、镉、铅、砷、铜、锌、铬、石油烃、六六六、滴滴涕。

选测项目：粪大肠菌群、多氯联苯(PCBs)、多环芳烃(PAHs)、麻痹性贝毒(PSP)。

7.4　样品采集与管理

7.4.1　种类选择
种类的选择应遵循以下原则：产量丰富，最好是食用的经济生物；本区域的定居者，生命周期要求为 1 年以上；有适当的大小，以提供足够的组织样品进行分析；对污染物有较强的积累能力。

种类以贝类为主，根据海区(滩涂)特征可增选鱼类、甲壳类和藻类。

根据我国海洋生物分布的特点，建议采样的贝类为贻贝、牡蛎、蚶类、蛤类、蛏类等；鱼类为黄鱼、梅童鱼、鲳鱼、鲻鱼、鲆鲽鱼等；甲壳类为梭子蟹、蟳、虾等；藻类为海带、紫菜、马尾藻等。具体种类可视当地实际情况确定。

7.4.2　样品采集
(1) 采样地点

潮间带区域的贝类应定点采集；沿岸潮下带和近岸海域的贝类、鱼、虾、藻类样品在当地养殖场、渔船、渔港采集。

(2) 样品数量

贝类采集体长大致相似的个体约 1.5 kg；大型藻类取样量约 100 g；甲壳类、鱼类等生物的取样量约 1.5 kg，以保证足够数量(一般需要 100 g 肌肉组织)的完好样品用于分析测定。

所采样品用现场海水冲洗干净。用于细菌学指标检测的样品，采样全过程严格执行无菌操作。

(3) 登记和记录

样品采集后，要认真做好现场描述和样品登记编号。现场描述内容包括生物个体的大小、颜色、死亡数量、机械损伤或其他异常个体，记录生物个体的生活环境等。生物样品的名称一律用俗名和学名同时记录，样品登记时按顺序编号进行填写，记录时间、栖息地点、采集的生物名称，记录时用铅笔。

7.4.3 样品保存与运输

(1)样品保存

所采生物样应放入双层聚乙烯袋中冰冻保存(-20~-10℃);用于细菌学指标检测的样品,放入冰瓶冷藏(0~4℃)保存且不得超过24 h。

(2)样品运输

样品采集后,若长途运输,需把样品放入冰箱中,始终让其处于低温状态并防止污染。

7.4.4 样品处理

贝类取软体组织(可食部分),鱼类取肌肉部分,虾类、蟹类取可食部分(去壳),藻类去附着器。然后放入高速组织捣碎机内制成匀浆备用。用于细菌学指标检测样品处理所用的器具必须经灭菌处理。

7.5 分析方法

参照附录F 生物体污染物残留量监测项目分析方法执行。

7.6 质量评价

7.6.1 评价项目

评价项目为总汞、镉、铅、砷、铜、锌、铬、石油烃、六六六、滴滴涕等。

7.6.2 评价标准

海洋贝类生物质量评价执行GB/T 18421—2001;鱼类及甲壳类评价参照全国海岛资源调查简明规程(1990年)中《海洋生物内污染物评价标准》的规定执行。

7.6.3 评价方法

采用单因子污染指数评价法。

7.6.4 结果表述

根据相关标准确定海洋生物体污染物残留量是否超标及质量类别。

项目 5　近岸海域环境监测

训练任务 8　环境功能区环境质量监测

8.1　任务适用范围
本任务适用于对近岸海域环境功能区的环境监测与评价。其目的是掌握近岸海域环境功能区的环境状况，进行环境功能区的达标评价与考核。

8.2　站位布设
监测站位布设的基本原则为每个近岸海域环境功能区均有代表其环境状况的监测站位，且每个功能区内的监测站位能覆盖所属功能区的全部区域。站位布设的具体方法如下：

面积在 5 km² 以上的环境功能区，至少布设 1 个监测站位。面积较大的环境功能区，应根据海域的环境状况和自然特征，进行优化布设。

面积小于 5 km² 的环境功能区，如功能区内及附近有污染源，必须布设监测站位；如功能区内及附近没有污染源，且其附近有监测站位，其环境状况可参照邻近功能区的监测站位。

内部有污染源的环境功能区，至少有 1 个站位布设在排污口混合区的外边界上。

8.3　监测内容和项目
近岸海域环境功能区环境监测的监测内容为海水水质和沉积物质量。

海水水质的监测项目为 GB/T 3097—1997 中的所有项目，其中化学需氧量、活性磷酸盐、亚硝酸盐氮、硝酸盐氮、氨氮、石油类为必测项目，其他监测项目根据海域环境特征进行选择。

海洋沉积物质量的监测项目为 GB/T 18668—2002 中的所有项目，其中必测项目为有机碳和石油类，其他监测项目根据海域环境特征进行选择。

8.4　分析方法
参照附录 D　水质监测项目分析方法、附录 E　沉积物质量监测项目分析方法。

8.5　监测频率和时间
参照"项目 5　训练任务 3　水质监测"和"项目 5　训练任务 4　沉积物质量监测"相关内容。

8.6　样品采集与管理
参照"项目 5　训练任务 3　水质监测"和"项目 5　训练任务 4　沉积物质量监测"相关内容。

8.7　环境功能区达标评价

8.7.1　达标评价内容
近岸海域环境功能区达标评价的内容主要为环境功能区的达标率和超标项目。

8.7.2　达标评价项目和标准
环境功能区达标评价项目为海水水质和海洋沉积物中所有实际监测项目。

环境功能区达标评价标准为所评价的功能区的海水水质保护目标相对应的

GB/T 3097—1997 和 GB/T 18668—2002 标准值。按照海域的不同使用功能和环境保护目标，海水水质分为4类，海洋沉积物质量分为3类。两者相对应的关系为：一类海洋沉积物质量适用于一类和二类的海水水质标准适用区；二类海洋沉积物质量适用于三类海水水质标准适用区；三类海洋沉积物质量适用于四类海水水质标准适用区。

8.7.3 达标评价方法

（1）达标率计算方法

①站位评价法　评价环境功能区达标情况时，先评价功能区内每个监测站位是否达标，评价时以该监测站位的水质和沉积物的类别是否达到功能区类别所规定的相应标准为判断依据，如有一个要素不符合规定标准则为不达标，水质和沉积物类别全部符合规定标准的为达标。计算公式为：

$$环境功能区达标率(\%) = \frac{所有达标监测站位所代表的水域面积之和}{区域内功能区面积之和} \times 100\%$$

水质类别和沉积物类别评价方法分别参照"项目5　训练任务3　水质监测"和"项目5　训练任务4　沉积物质量监测"相关内容。

②环境质量分布图评价法　评价图评价法是在已绘制出区域环境质量分布图的基础上，对照近岸海域环境功能区的环境质量目标图，得出环境功能区达标分析图，再从图中测算出达标的区域面积，从而计算出达标率。

（2）超标项目的确定方法

监测结果超过环境功能区所规定的相应标准值的评价指标，即为超标项目。

8.7.4 结果表述

根据评价结果，阐述环境功能区的达标情况和主要超标项目。

训练任务 9　海滨浴场水质监测

9.1　任务适用范围

本任务规定了海滨浴场水质监测的站位布设、监测项目、监测时间与频率、样品采集与管理、分析方法及评价方法等内容。

适用于海滨浴场的水质监测,不适用于浴池的水质监测。

9.2　站位布设

（1）根据海滨浴场的长度确定监测断面数

对于浴场长度在 2000 m 及其以下时,在沐浴人群较集中区域设 2 个监测断面;在 2000 m 以上 5000 m 以下的,设 3 个监测断面;在 5000 m 以上的,设 4 个监测断面。

（2）根据海滨浴场宽度确定每个监测断面的监测站位

对于浴场宽度在 250 m 及其以下的,在每个监测断面沐浴人群集中区域设 1 个监测站位;在 250 m 以上 500 m 以下的,在每个监测断面沐浴人群集中区域设 2 个监测站位;在 500 m 以上的,在每个监测断面沐浴人群集中区域设 3 个监测站位。

9.3　监测项目

选择对沐浴人群健康有直接影响的水质指标作为海滨浴场水质监测项目。

（1）必测项目

水温、pH、石油类、粪大肠菌群及漂浮物质。

（2）选测项目

根据海滨浴场所处海域水质总体状况及海滨浴场附近入海污染物排放情况,选取有可能对沐浴人群身体健康产生不利影响的污染物作为选测项目。

9.4　监测时间与频率

监测时间一般为每年 7~9 月,每周监测 1 次,各地可根据气象及浴场实际情况适当延长或缩短监测时间和频率。

9.5　样品采集与管理

原则上采集高平潮时表层样。采样准备、样品标识、存放容器材质、样品保存与运输、样品交接、处置、记录等技术要求同近岸海域环境质量监测,参照"水质监测"和"海洋生物监测"相关内容。

9.6　分析方法

参照附录 C　水文气象项目观测方法、附录 D　水质监测项目分析方法。

9.7　海滨浴场游泳适宜度评价

海滨浴场游泳适宜度按表 5-11 进行分级,采用单因子评价法确定海滨浴场游泳适宜度。2 个及以上监测站位的以站位均值计算结果,均值计算方法参照"数据记录与处理"相关内容。

表 5-11 海滨浴场游泳适宜度评价分级指标

必测项目					选测项目	水质	游泳适宜度
水温/℃	pH	粪大肠菌群/（个/L）	漂浮物质	石油类/（mg/L）			
26~29	7.8~8.5	≤100	海面不得出现油膜、浮沫和其他漂浮物质	≤0.05	符合 GB 3097—1997 第一类标准限值	优	最适宜游泳
22≤水温<26 或 29<水温≤30	7.8~8.5	101~1000	海面不得出现油膜、浮沫和其他漂浮物质	≤0.05	符合 GB 3097—1997 第二类标准限值	良	适宜游泳
20≤水温<22 或 30<水温≤32	7.8~8.5	1001~2000	海面不得出现油膜、浮沫和其他漂浮物质	≤0.05	符合 GB 3097—1997 第二类标准限值	一般	较适宜游泳
水温<20 或 水温>32	<7.8 或>8.5	>2000	海面无明显油膜浮沫和其他漂浮物质	>0.05	劣于 GB 3097—1997 第二类标准限值	差	不适宜游泳

9.8 监测报告

海滨浴场水质监测报告格式见表 5-12 所列，重点说明海滨浴场水质状况及其游泳适宜度。

表 5-12 海滨浴场水质监测报告格式

监测日期	城市名称	浴场名称	水质评价	游泳适宜度	影响适宜度主要指标	备注

项目 5　近岸海域环境监测

训练任务 10　陆域直排海污染源环境影响监测

10.1　任务适用范围
本任务学习陆域直排海污染源对邻近海域环境影响的监测内容、方法和要求。适用于对沿岸海域有可能造成重大生态影响的陆源污染物排放对海域环境的影响监测，不适用于河口的环境影响监测。

10.2　站位布设
在可能受影响的范围内设监测站位。水质站位以排污口为放射中心，按扇形布设。根据排污口的影响范围布设站位，站位数量一般不少于 6 个。

沉积物质量站位应从水质站位中选取，其数量可少于水质站位，但一般不少于 3 个。

海洋生物站位应从沉积物质量站位中选取，其数量一般等同于沉积物质量站位。

同时在附近海域设置 1~2 个对照站位。

在排污口附近区域布设 1~2 个潮间带生态监测断面，同时设 1 个对照断面。若沿岸有重要功能的湿地，应布设断面。

10.3　监测内容及项目

10.3.1　监测内容
陆域直排海污染源环境影响监测内容包括水质、沉积物质量、海洋生物、特征污染物及其生态毒理、潮间带生态、生物体污染物残留量等。

10.3.2　监测项目
（1）必测项目
①特征污染物；
②水质　水温、盐度、pH、悬浮物、化学需氧量、无机氮（硝酸盐氮、亚硝酸盐氮、氨氮）、非离子氨、活性磷酸盐；
③海洋生物　底栖生物、潮间带生物；
④沉积物质量　沉积物类型、石油类、有机碳等。
（2）选测项目
①水质　生化需氧量、活性硅酸盐、总有机碳、铜、铅、砷、锌、镉、汞、粪大肠菌群；
②沉积物质量　总有机碳、硫化物、氧化还原电位、六六六、滴滴涕、多氯联苯（PCBs）等；
③海洋生物　叶绿素 a、细菌总数、粪大肠菌群、浮游植物、浮游动物、生物毒性试验、鱼类回避反应实验、生物体污染物残留量以及大型藻类、鱼贝类病理学状况等。

10.4　监测频率与时间
水质监测一般每年 1~2 次，监测月份一般为 3~5 月、8~10 月，具体采样时间应尽量安排在低平潮时监测。

沉积物质量、海洋生物结合水质监测进行。

潮间带生物及生物体污染物残留量一年监测1次，监测月份一般为5~10月。

10.5 样品采集与管理

水质、沉积物质量、海洋生物、潮间带生态、生物体污染物残留量的样品采集与管理分别参照"水质监测""沉积物质量监测""海洋生物监测""潮间带生态监测"和"生物体污染物残留量监测"相关内容。

10.6 分析方法

水质、沉积物质量、生物体污染物残留量、海洋生物、潮间带生物分析方法参照附录C、附录D、附录E、附录F、附录G执行，生物毒性试验的分析方法参照GB 17378.7—2007执行。

10.7 环境影响评价

10.7.1 评价方法

水质、沉积物、海洋生物、潮间带及生物体污染物残留量评价方法分别参照"水质监测""沉积物质量监测""海洋生物监测""潮间带生态监测"和"生物体污染物残留量监测"相关内容。

环境功能区达标评价参照"环境功能区环境质量监测"相关内容。

10.7.2 评价标准

水质类别执行GB 3097—1997。

沉积物质量执行GB 18668—2002。

环境功能区达标评价执行GB 3097—1997和(或)GB 18668—2002。

生物体污染物残留量评价参照"生物体污染物残留量监测"相关内容。

海洋生物及潮间带生物评价标准分别参照"海洋生物监测"和"潮间带生态监测"相关内容。

10.7.3 结果表述

根据相关标准确定水质、沉积物质量、生物体污染物残留量的超标情况及类别；用生物种类组成、群落结构，特别是优势种分布、种类多样性、均匀度和丰度以及栖息密度等，评价海域生物的污染程度。必要时，根据生物的毒性试验结果对受纳水体的环境压力进行生态风险评估。

10.8 监测报告

参照"监测报告"相关内容。重点说明入海污染源的基本情况，分析对邻近海域产生影响的主要因子、影响范围、影响程度及可能导致的变化趋势。

训练任务 11　大型海岸工程环境影响监测

11.1　任务适用范围

本任务学习大型海岸工程对海洋环境影响监测内容、方法和基本要求,适用于大型海岸工程在施工期及营运期对海域的环境影响监测及工程回顾性评价监测,竣工验收监测也可参照。

11.2　站位布设

(1)站位布设要考虑延续性,如果监测范围内存在敏感区如红树林、珊瑚区、产卵区、繁殖区、索饵区、洄游区,应适当增加监测站位数。

(2)水质,根据工程施工作业方式及工程使用功能,设置3~5个断面,以建设项目所处海域中心为主断面,在主断面两侧各设1~2个断面;每个断面设站位不少于3个。站位的间距,应遵循由内向外、由密到疏的原则。

(3)沉积物质量和海洋生物,可在每个水质断面中选取1~3个站位。

(4)潮间带生态,在工程附近区域布设1~2个潮间带生态监测断面,同时设1个对照断面。若沿岸有重要功能的湿地,应布设断面。

11.3　监测内容及项目

11.3.1　监测内容

监测内容包括水质、沉积物质量、海洋生物、潮间带生态和生物体污染物残留量。重点监测对象为海洋生物,尤其是对重要生物资源的栖息地、产卵繁殖场所的海洋生物影响监测。

11.3.2　监测项目

(1)必测项目

①特征参数;

②水质,水温、盐度、粪大肠菌群、溶解氧、pH、悬浮物、无机氮(硝酸盐氮、亚硝酸盐氮、氨氮)、非离子氨、活性磷酸盐、活性硅酸盐、石油类;

③沉积物质量,沉积物类型、石油类、有机碳;

④海洋生物,粪大肠菌群、底栖生物、潮间带生物。

(2)选测项目

①水质,透明度、铜、铅、锌、镉、汞;

②沉积物质量,苯、镉、铅、锌、铜、铬、砷、硫化物、多氯联苯(PCBs);

③海洋生物,叶绿素a、浮游动物、浮游植物;

④生物体污染物残留量,总汞、镉、铅、砷、铜、锌、铬、石油烃、六六六、滴滴涕、粪大肠菌群、多氯联苯(PCBs)。

11.4　监测时间与频率

在大型海岸工程开始施工前应进行环境质量本底调查。工程施工期间及建成后,根据工程对海域的可能影响大小及海域环境功能区和环境敏感程度开展1~3次/a的监测。如遇海岸工程施工或生产的特殊情况应及时进行临时跟踪监测。

11.5　样品采集与管理

参照"水质监测""沉积物质量监测""海洋生物监测"和"潮间带生态监测"相关内容。

11.6　分析方法

水质、沉积物质量、生物体污染物残留量、海洋生物、潮间带生物分析方法参照附录C、附录D、附录E、附录F、附录G执行。

11.7　环境影响评价

11.7.1　评价方法

水质、沉积物、海洋生物、潮间带及生物体污染物残留量评价方法分别参照"水质监测""沉积物质量监测""海洋生物监测""潮间带生态监测"和"生物体污染物残留量监测"相关内容。

环境功能区达标评价参照"环境功能区环境质量监测"相关内容。

11.7.2　评价标准

水质类别及功能区达标要求执行 GB 3097—1997。

沉积物质量执行 GB 18668—2002。

潮间带生物及海洋生物评价参照"海洋生物监测"相关内容。

11.8　监测报告

参照项目 5　训练任务 2　数据记录、处理与报告相关内容。监测报告重点是大型海岸工程不同施工阶段或营运期对环境的影响，定性描述建设项目对岸线、滩涂、海底地形的影响范围、影响程度，指出其潜在的危害性，为环境管理提供科学的建议和对策。

训练任务 12　赤潮多发区环境监测

12.1　任务适用范围

本任务学习赤潮多发区环境监测的监测内容、方法和基本要求。适用于我国近岸海域及沿岸养殖区等赤潮多发区的环境监测。

12.2　站位布设

站位设置尽量在被保护资源的附近区域，有水团代表性并设相应的对照点；对照站位尽量设置在赤潮多发区域的边界外侧；在赤潮多发区设固定站位，其他区域设随机性站位；监测站位尽量与例行监测站位相一致。

12.3　监测区域、内容及项目

12.3.1　监测区域

监测区域一般为赤潮多发区、重要海产养殖区以及其他区域。

12.3.2　监测内容

监测内容包括水文气象、水质及海洋生物。

12.3.3　监测项目

(1) 必测项目

浮游植物种类和数量、叶绿素 a、气温、水温、水色、透明度、风速、风向、盐度、溶解氧、pH、活性磷酸盐、无机氮（硝酸盐氮、亚硝酸盐氮、氨氮）、非离子氨、活性硅酸盐。

(2) 选测项目

流速、流向、铁、锰、总有机碳、浮游动物、麻痹性贝毒(PSP)。

12.4　监测方式

12.4.1　巡视性监测

在赤潮多发期对赤潮多发区和重点养殖区进行定期监测。

12.4.2　应急监测

对已确认赤潮发生的区域进行跟踪监测，掌握赤潮发生的动态及变化趋势，并对赤潮带来的损失及危害进行调查评估。

12.5　监测时间与频率

12.5.1　监测时间

监测时间应根据赤潮发生的历史资料及实际赤潮发生时间来进行确定。

12.5.2　监测频次

巡视性监测原则上每 7 d 进行一次。在赤潮发生的高危期，每 3 d 进行一次；在养殖区域的赤潮高危期应每天进行一次监测。

应急监测视具体情况而定。原则上应进行连续跟踪监测，每隔 2~4 h 采样一次，直至赤潮消亡。如赤潮发生期较长，可适当延长间隔时间，但不得少于 2 d 一次。

12.6 样品采集与管理

赤潮多发区环境监测水质、海洋生物样品采集与管理分别参照"水质监测"和"海洋生物监测"相关内容。

12.7 分析方法

水文气象参数测定参照附录 C 执行；水质的分析方法参照附录 D；海洋生物和麻痹性贝毒（PSP）的鉴定分析方法参照附录 G。

12.8 赤潮发生的评判

当水色发生明显的异常，某一种类生物的个体数量达到表 5-13 所列数量值时，即可判断发生了赤潮。

表 5-13 赤潮评判标准

赤潮生物体长/μm	赤潮生物数量/(个/mL)
<10	$>10^4$
10~29	$>10^3$
30~99	$>2\times10^2$
100~299	$>10^2$
300~1000	$>3\times10$

赤潮的发生过程大致可分为以下 4 个阶段：

①起始阶段　海水中有较高浓度的无机氮和无机磷，存在一定数量的赤潮生物或孢囊，水体表面现象不明显；

②发展阶段　营养盐仍呈较高浓度，赤潮生物迅速繁殖，溶解氧及 pH 开始升高，水体颜色开始转变，不同于周围水体；

③维持阶段　指赤潮现象出现后至临近消失时所持续的时间，溶解氧及 pH 明显升高，营养盐浓度逐渐下降，赤潮生物数量仍维持较高水平，后期营养盐消耗殆尽水体颜色较深；

④消亡阶段　赤潮现象消失的过程，赤潮生物大量死亡，数量明显下降，水体表面出现较多泡沫，营养盐浓度逐渐恢复。

12.9 毒性标准

发生赤潮后，应选择当地经常食用的主要经济贝类和海产品进行毒素监测，其控制限值标准（可食部分，湿重）为：麻痹性贝毒素（PSP）80 μg/100 g；腹泻性贝毒素（DSP）20 pg/100 g；记忆缺失性贝毒素（ASP）2 mg/100 g；神经性贝毒素（NSP）20 MU/100 g。若海产品中毒素超过以上限值应禁止食用和销售。

12.10 监测报告

监测报告分监测快报及专题监测报告两种。

监测快报根据环境监测报告制度报送，内容包括赤潮发生的时间、地点、面积、特征、种类及数量（若适用）、阶段、毒性、损害及变化趋势预测。

专题监测报告主要针对大规模赤潮、长时间或影响较大的赤潮进行专题调查分析，报告的信息应包括下列内容：目的意义、监测时间与范围、样品采集、分析方法、质量控制、监测结果、结论和参考文献。对现场监测到的赤潮必须详细叙述赤潮发生的时间、地点、范围、生物种类、生物毒性、生物密度，并探讨发生条件，调查赤潮造成的直接经济损失、间接经济损失，同时对海洋环境所产生的影响及对人类健康产生的危害和威胁等进行评估。

项目 6 突发环境事件应急监测

【项目描述】

本项目主要训练突发环境事件应急监测的布点与采样、监测项目与相应的现场监测和实验室监测分析方法、监测数据的处理与上报等内容。旨在防止环境污染,改善环境质量,指导阅读者进行突发环境事件应急监测。

本项目适用于因生产、经营、储存、运输、使用和处置危险化学品或危险废物以及意外因素或不可抗拒的自然灾害等原因而引发的突发环境事件的应急监测,包括地表水、地下水、大气和土壤环境等的应急监测;不适用于核污染事件、海洋污染事件、涉及军事设施污染事件、生物与微生物污染事件等的应急监测。

本项目的编写引用以下标准和规范:

GB 3095—2012/XG1—2018 环境空气质量标准

GB 3838—2002 地表水环境质量标准

GB 15618—2018 土壤环境质量 农用地土壤污染风险管控标准(试行)

GB/T 8170—2008 数值修约规则与极限数值的表示和判定

GB/T 14848—2017 地下水质量标准

HJ/T 55—2000 大气污染物无组织排放监测技术导则

HJ/T 91—2002 地表水和污水监测技术规范

HJ/T 164—2004 地下水环境监测技术规范

HJ/T 166—2004 土壤环境监测技术规范

HJ/T 193—2013 环境空气气态污染物(SO_2、NO_2、O_3、CO)连续自动监测系统安装验收技术规范

HJ/T 194—2017 环境空气质量手工监测技术规范

【学习目标】

知识目标

1. 熟练掌握突发环境事件应急监测的布点与采样方法;
2. 熟悉监测项目与相应的现场监测和实验室监测分析方法;
3. 了解监测数据的处理与上报。

能力目标

1. 能够进行突发环境事件应急监测的布点与采样;

2. 学会监测项目与相应的现场监测和实验室监测分析方法;
3. 能对监测数据进行处理与上报。

素质目标

1. 培养学生实际处理问题、解决问题的能力;
2. 培养学生团队协作、沟通协调能力;
3. 培养学生一丝不苟的工作态度。

【基本概念】

突发环境事件

指由于违反环境保护法规的经济、社会活动与行为,以及意外因素或不可抗拒的自然灾害等原因在瞬时或短时间内排放有毒、有害污染物质,致使地表水、地下水、大气和土壤环境受到严重的污染和破坏,对社会经济与人民生命财产造成损失的恶性事件。

应急监测

指突发环境事件发生后,对污染物、污染物浓度和污染范围进行的监测。

瞬时样品

指从地表水、地下水、大气和土壤中不连续地随机采集的单一样品,一般在一定的时间和地点随机采取。

采样断面(点)

指突发环境事件发生后,对地表水、地下水、大气和土壤样品进行采集的整个剖面(点)。

(1)对照断面(点)

指具体评价某一突发环境事件区域环境污染程度时,位于该污染事故区域外,能够提供这一区域环境本底值的断面(点)。

(2)控制断面(点)

指突发环境事件发生后,为了解地表水、地下水、大气和土壤环境受污染程度及其变化情况而设置的断面(点)。

(3)消减断面

指突发环境事件发生后,污染物在水体内流经一定距离而达到最大程度混合,因稀释、扩散和降解作用,其主要污染物浓度有明显降低的断面。

跟踪监测

指为掌握污染程度、范围及变化趋势,在突发环境事件发生后所进行的连续监测,直至地表水、地下水、大气和土壤环境恢复正常。

流动污染源

指在运输过程中由于突发环境事件,在瞬时或短时间内排放有毒、有害污染物,造成对环境污染的源。

固定污染源

指固定场所如工业企业或其他单位由于突发环境事件,在瞬时或短时间内排放有毒、有害污染物,造成对环境污染的源。

训练任务1 布点、采样与样品管理

1.1 采样布点与现场监测

1.1.1 布点

1.1.1.1 布点原则

采样断面(点)的设置一般以突发环境事件发生地及其附近区域为主，同时必须注重人群和生活环境，重点关注对饮用水水源地、人群活动区域的空气、农田土壤等区域的影响，并合理设置监测断面(点)，以掌握污染发生地状况、反映事故发生区域环境的污染程度和范围。

对被突发环境事件所污染的地表水、地下水、大气和土壤应设置对照断面(点)、控制断面(点)，对地表水和地下水还应设置消减断面，尽可能以最少的断面(点)获取足够的有代表性的所需信息，同时须考虑采样的可行性和方便性。

1.1.1.2 布点方法

根据污染现场的具体情况和污染区域的特性进行布点。

对固定污染源和流动污染源的监测布点，应根据现场的具体情况，产生污染物的不同工况(部位)或不同容器分别布设采样点。

对江河的监测应在事故发生地及其下游布点，同时在事故发生地上游一定距离布设对照断面(点)；如江河水流的流速很小或基本静止，可根据污染物的特性在不同水层采样；在事故影响区域内饮用水取水口和农灌区取水口处必须设置采样断面(点)。

对湖(库)的采样点布设应以事故发生地为中心，按水流方向在一定间隔的扇形或圆形布点，并根据污染物的特性在不同水层采样，同时根据水流流向，在其上游适当距离布设对照断面(点)；必要时，在湖(库)出水口和饮用水取水口处设置采样断面(点)。

对地下水的监测应以事故地点为中心，根据本地区地下水流向采用网格法或辐射法布设监测井采样，同时视地下水主要补给来源，在垂直于地下水流的上方向，设置对照监测井采样；在以地下水为饮用水源的取水处必须设置采样点。

对大气的监测应以事故地点为中心，在下风向按一定间隔的扇形或圆形布点，并根据污染物的特性在不同高度采样，同时在事故点的上风向适当位置布设对照点；在可能受污染影响的居民住宅区或人群活动区等敏感点必须设置采样点，采样过程中应注意风向变化，及时调整采样点位置。

对土壤的监测应以事故地点为中心，按一定间隔的圆形布点采样，并根据污染物的特性在不同深度采样，同时采集对照样品，必要时在事故地附近采集作物样品。

根据污染物在水中溶解度、密度等特性，对易沉积于水底的污染物，必要时布设底质采样断面(点)。

1.1.2 布点采样
1.1.2.1 采样前的准备
(1)采样计划制订
应根据突发环境事件应急监测预案初步制订有关采样计划,包括布点原则、监测频次、采样方法、监测项目、采样人员及分工、采样器材、安全防护设备、必要的简易快速检测器材等,必要时,根据事故现场具体情况制订更详细的采样计划。
(2)采样器材准备
采样器材主要是指采样器和样品容器,常见的器材材质及洗涤要求可参照相应的水、大气和土壤监测技术规范,有条件的应专门配备一套用于应急监测的采样设备。此外还可以利用当地的水质或大气自动在线监测设备进行采样。
1.1.2.2 采样方法及采样量的确定
应急监测通常采集瞬时样品,采样量根据分析项目及分析方法确定,采样量还应满足留样要求。
污染发生后,应首先采集污染源样品,注意采样的代表性。
具体采样方法及采样量可参照 HJ/T91、HJ/T164、HJ/T194、HJ/T193、HJ/T55 和 HJ/T166 等。
1.1.2.3 采样范围或采样断面(点)的确定
采样人员到达现场后,应根据事故发生地的具体情况,迅速划定采样、控制区域,按布点方法进行布点,确定采样断面(点)。
1.1.2.4 采样频次的确定
采样频次主要根据现场污染状况确定。事故刚发生时,采样频次可适当增加,待摸清污染物变化规律后,可减少采样频次。依据不同的环境区域功能和事故发生地的污染实际情况,力求以最低的采样频次,取得最有代表性的样品,既满足反映环境污染程度、范围的要求,又切实可行。
1.1.2.5 采样注意事项
(1)根据污染物特性(密度、挥发性、溶解度等),决定是否进行分层采样。
(2)根据污染物特性(有机物、无机物等),选用不同材质的容器存放样品。
(3)采水样时不可搅动水底沉积物,如有需要,同时采集事故发生地的底质样品。
(4)采气样时不可超过所用吸附管或吸收液的吸收限度。
(5)采集样品后,应将样品容器盖紧、密封,贴好样品标签,样品标签的内容见本训练任务"2.2 样品管理"中的有关内容。
(6)采样结束后,应核对采样计划、采样记录与样品,如有错误或漏采,应立即重采或补采。
1.1.2.6 现场采样记录
现场采样记录是突发环境事件应急监测的第一手资料,必须如实记录并在现场完成,内容全面,可充分利用常规例行监测表格进行规范记录,至少应包括如下信息:
(1)事故发生的时间和地点,污染事故单位名称、联系方式。
(2)现场示意图,如有必要对采样断面(点)及周围情况进行现场录像和拍照,特别注明采样断面(点)所在位置的标志性特征物如建筑物、桥梁等名称。

(3)监测实施方案,包括监测项目(如可能)、采样断面(点位)、监测频次、采样时间等。

(4)事故发生现场描述及事故发生的原因。

(5)必要的水文气象参数(如水温、水流流向、流量、气温、气压、风向、风速等)。

(6)可能存在的污染物名称、流失量及影响范围(程度);如有可能,简要说明污染物的有害特性。

(7)尽可能收集与突发环境事件相关的其他信息,如盛放有毒有害污染物的容器、标签等信息,尤其是外文标签等信息,以便核对。

(8)采样人员及校核人员的签名。

1.1.2.7 跟踪监测采样

污染物质进入周围环境后,随着稀释、扩散和降解等作用,其浓度会逐渐降低。为了掌握事故发生后的污染程度、范围及变化趋势,常需要进行连续的跟踪监测,直至环境恢复正常或达标。

在污染事故责任不清的情况下,可采用逆向跟踪监测和确定特征污染物的方法,追查确定污染来源或事故责任者。

1.1.2.8 采样的质量保证

采样人员必须经过培训持证上岗,能切实掌握环境污染事故采样布点技术,熟知采样器具的使用和样品采集(富集)、固定、保存、运输条件。

采样仪器应在校准周期内使用,进行日常的维护、保养,确保仪器设备始终保持良好的技术状态,仪器离开实验室前应进行必要的检查。

采样的其他质量保证措施可参照相应的监测技术规范执行。

1.1.3 现场监测

1.1.3.1 现场监测仪器设备的确定原则

应能快速鉴定、鉴别污染物,并能给出定性、半定量或定量的检测结果,直接读数,使用方便,易于携带,对样品的前处理要求低。

1.1.3.2 现场监测仪器设备的准备

可根据本地实际和全国环境监测站建设标准要求,配置常用的现场监测仪器设备,如检测试纸、快速检测管和便携式监测仪器等快速检测仪器设备。需要时,配置便携式气相色谱仪、便携式红外光谱仪、便携式气相色谱/质谱分析仪等应急监测仪器。

1.1.3.3 现场监测项目和分析方法

凡具备现场测定条件的监测项目,应尽量进行现场测定。必要时,另采集一份样品送实验室分析测定,以确认现场的定性或定量分析结果。

检测试纸、快速检测管和便携式监测仪器的使用方法可参照相应的使用说明,使用过程中应注意避免其他物质的干扰。

用检测试纸、快速检测管和便携式监测仪器进行测定时,应至少连续平行测定两次,以确认现场测定结果;必要时,送实验室用不同的分析方法对现场监测结果加以确认、鉴别。

用过的检测试纸和快速检测管应妥善处置。

1.1.3.4 现场监测记录

现场监测记录是报告应急监测结果的依据之一，应按格式规范记录，保证信息完整，可充分利用常规例行监测表格进行规范记录，主要包括环境条件、分析项目、分析方法、分析日期、样品类型、仪器名称、仪器型号、仪器编号、测定结果、监测断面(点位)示意图、分析人员、校核人员、审核人员签名等，根据需要并在可能的情况下，同时记录风向、风速、水流流向、流速等气象水文信息。

1.1.3.5 现场监测的质量保证

用于应急监测的便携式监测仪器，应定期进行检定/校准或核查，并进行日常维护、保养，确保仪器设备始终保持良好的技术状态，仪器使用前需进行检查。

检测试纸、快速检测管等应按规定的保存要求进行保管，并保证在有效期内使用。应定期用标准物质对检测试纸、快速检测管等进行使用性能检查，如有效期为1年，至少半年应进行一次。

1.1.4 布点采样和现场监测的安全防护

进入突发环境事件现场的应急监测人员，必须注意自身的安全防护，对事故现场不熟悉、不能确认现场安全或不按规定佩戴必需的防护设备(如防护服、防毒呼吸器等)，未经现场指挥/警戒人员许可，不应进入事故现场进行采样监测。

1.1.4.1 采样和现场监测人员安全防护设备的准备

各地应根据当地的具体情况，配备必要的现场监测人员安全防护设备。常用的有：

(1)测爆仪、一氧化碳、硫化氢、氯化氢、氯气、氨等现场测定仪等。

(2)防护服、防护手套、胶靴等防酸碱、防有机物渗透的各类防护用品。

(3)各类防毒面具、防毒呼吸器(带氧气呼吸器)及常用的解毒药品。

(4)防爆应急灯、醒目安全帽、带明显标志的小背心(色彩鲜艳且有荧光反射物)、救生衣、防护安全带(绳)、呼救器等。

1.1.4.2 采样和现场监测安全事项

(1)应急监测，至少两人同行。

(2)进入事故现场进行采样监测，应经现场指挥/警戒人员许可，在确认安全的情况下，按规定佩戴必需的防护设备(如防护服、防毒呼吸器等)。

(3)进入易燃易爆事故现场的应急监测车辆应有防火、防爆安全装置，应使用防爆的现场应急监测仪器设备(包括附件如电源等)进行现场监测，或在确认安全的情况下使用现场应急监测仪器设备进行现场监测。

(4)进入水体或登高采样，应穿戴救生衣或佩戴防护安全带(绳)。

1.2 样品管理

1.2.1 样品管理目的

样品管理的目的是保证样品的采集、保存、运输、接收、分析、处置工作有序进行，确保样品在传递过程中始终处于受控状态。

1.2.2 样品标志

样品应以一定的方法进行分类，如可按环境要素或其他方法进行分类，并在样品标签和现场采样记录单上记录相应的唯一性标志。

样品标志至少应包含样品编号、采样地点、监测项目(如可能)、采样时间、采样人等信息。

对有毒有害、易燃易爆样品特别是污染源样品应用特别标志(如图案、文字)加以注明。

1.2.3 样品保存

除现场测定项目外,对需送实验室进行分析的样品,应选择合适的存放容器和样品保存方法进行存放和保存。

根据不同样品的性状和监测项目,选择合适的容器存放样品。

选择合适的样品保存剂和保存条件等样品保存方法,尽量避免样品在保存和运输过程中发生变化。对易燃易爆及有毒有害的应急样品,必须分类存放,保证安全。

1.2.4 样品的运送和交接

(1)对需送实验室进行分析的样品,立即送实验室进行分析,尽可能缩短运输时间,避免样品在保存和运输过程中发生变化。

(2)对易挥发性的化合物或高温不稳定的化合物,注意降温保存运输,在条件允许情况下可用车载冰箱或机制冰块降温保存,还可采用食用冰或大量深井水(湖水)、冰凉泉水等临时降温措施。

(3)样品运输前应将样品容器内、外盖(塞)盖(塞)紧。装箱时应用泡沫塑料等分隔,以防样品破损和倒翻。每个样品箱内应有相应的样品采样记录单或送样清单,应有专门人员运送样品,如非采样人员运送样品,则采样人员和运送样品人员之间应有样品交接记录。

(4)样品交实验室时,双方应有交接手续,双方核对样品编号、样品名称、样品性状、样品数量、保存剂加入情况、采样日期、送样日期等信息确认无误后在送样单或接样单上签字。

(5)对有毒有害、易燃易爆或性状不明的应急监测样品,特别是污染源样品,送样人员在送实验室时应告知接样人员或实验室人员样品的危险性,接样人员同时向实验室人员说明样品的危险性,实验室分析人员在分析时应注意安全。

1.2.5 样品的处置

对应急监测样品,应留样,直至事故处理完毕。

对含有剧毒或大量有毒、有害化合物的样品,特别是污染源样品,不应随意处置,应做无害化处理或送有资质的处理单位进行无害化处理。

1.2.6 样品管理的质量保证

应保证样品从采集、保存、运输、分析、处置的全过程都有记录,确保样品管理处在受控状态。

样品在采集和运输过程中应防止样品被污染及样品对环境的污染。运输工具应合适,运输中应采取必要的防震、防雨、防尘、防爆等措施,以保证人员和样品的安全。

实验室接样人员接收样品后应立即送检测人员进行分析。

训练任务 2　监测分析与结果报告

2.1　监测项目和分析方法

2.1.1　监测项目

2.1.1.1　监测项目的确定原则

突发环境事件，其发生的突然性、形式的多样性、成分的复杂性决定了应急监测项目往往一时难以确定，此时应通过多种途径尽快确定主要污染物和监测项目。

2.1.1.2　已知污染物的突发环境事件监测项目的确定

根据已知污染物确定主要监测项目。同时应考虑该污染物在环境中可能产生的反应，衍生成其他有毒有害物质。

对固定源引发的突发环境事件，通过对引发突发环境事件固定源单位的有关人员(如管理、技术人员和使用人员等)的调查询问，以及对引发突发环境事件的位置、所用设备、原辅材料、生产的产品等的调查，同时采集有代表性的污染源样品，确认主要污染物和监测项目。

对流动源引发的突发环境事件，通过对有关人员(如货主、驾驶员、押运员等)的询问以及运送危险化学品或危险废物的外包装、准运证、押运证、上岗证、驾驶证、车号(或船号)等信息，调查运输危险化学品的名称、数量、来源、生产或使用单位，同时采集有代表性的污染源样品，鉴定和确认主要污染物和监测项目。

2.1.1.3　未知污染物的突发环境事件监测项目的确定

通过污染事故现场的一些特征，如气味、挥发性、遇水的反应特性、颜色及对周围环境、作物的影响等，初步确定主要污染物和监测项目。

如发生人员或动物中毒事故，可根据中毒反应的特殊症状，初步确定主要污染物和监测项目。

通过事故现场周围可能产生污染的排放源的生产、环保、安全记录，初步确定主要污染物和监测项目。

利用空气自动监测站、水质自动监测站和污染源在线监测系统等现有的仪器设备的监测，确定主要污染物和监测项目。

通过现场采样分析，包括采集有代表性的污染源样品，利用试纸、快速检测管和便携式监测仪器等现场快速分析手段，确定主要污染物和监测项目。

通过采集样品，包括采集有代表性的污染源样品，送实验室分析后，确定主要污染物和监测项目。

2.1.2　分析方法

为迅速查明突发环境事件污染物的种类(或名称)、污染程度和范围以及污染发展趋势，在已有调查资料的基础上，充分利用现场快速监测方法和实验室现有的分析方法进行鉴别、确认。

为快速监测突发环境事件的污染物，首先可采用如下的快速监测方法：

(1) 检测试纸、快速检测管和便携式监测仪器等的监测方法。

(2) 现有的空气自动监测站、水质自动监测站和污染源在线监测系统等在用的监测方法。

(3) 现行实验室分析方法。

从速送实验室进行确认、鉴别，实验室应优先采用国家环境保护标准或行业标准。

当上述分析方法不能满足要求时，可根据各地具体情况和仪器设备条件，选用其他适宜的方法，如ISO、美国EPA、日本JIS等国外的分析方法。

2.1.3 实验室原始记录及结果表示

2.1.3.1 实验室原始记录内容

突发环境事件实验室分析的原始记录，是报告应急监测结果的依据，可按常规例行监测格式规范记录，保证信息完整。实验室原始记录要真实及时，不应追记，记录要清晰完整，字迹要工整。如实验室原始记录上数据有误，应采用"杠改法"修改，并在其上方写上正确的数字，并在其下方签名或盖章。实验室原始记录要有统一编号，应随监测报告及时、按期归档。

2.1.3.2 结果表示

突发环境事件应急的监测结果可用定性、半定量或定量的监测结果表示。定性监测结果可用"检出"或"未检出"来表示，并尽可能注明监测项目的检出限。半定量监测结果可给出所测污染物的测定结果或测定结果范围。定量监测结果应给出所测污染物的测定结果。

2.1.4 实验室质量保证和质量控制

(1) 分析人员应熟悉和掌握相关仪器设备和分析方法，持证上岗。

(2) 用于监测的各种计量器具要按有关规定定期检定，并在检定周期内进行期间核查、定期检查和维护保养，保证仪器设备的正常运转。

(3) 实验用水要符合分析方法要求，试剂和实验辅助材料要检验合格后投入使用。

(4) 实验室采购服务应选择合格的供应商。

(5) 实验室环境条件应满足分析方法要求，需控制温湿度等条件的实验室要配备相应设备，监控并记录环境条件。

(6) 实验室质量保证和质量控制的具体措施参照相应的技术规范执行。

2.2 数据处理与监测报告

2.2.1 数据处理

突发环境事件应急监测的数据处理参照相应的监测技术规范执行。数据修约规则按照GB/T 8170—2008的相关规定执行。

2.2.2 监测报告

2.2.2.1 基本原则

突发环境事件应急监测报告以及时、快速报送为原则。

2.2.2.2 报告形式及内容

为及时上报突发环境事件应急监测的监测结果，可采用电话、传真、电子邮件、监测快报、简报等形式报送监测结果等简要信息。

突发环境事件应急监测报告应包括以下内容。

(1)标题名称。

(2)监测单位名称和地址，进行测试的地点(当测试地点不在本站时，应注明测试地点)。

(3)监测报告的唯一性编号和每一页与总页数的标识。

(4)事故发生的时间、地点，监测断面(点位)示意图，发生原因，污染来源，主要污染物质，污染范围，必要的水文气象参数等。

(5)所用方法的标志(名称和编号)。

(6)样品的描述、状态和明确的标识。

(7)样品采样日期、接收日期、检测日期。

(8)检测结果和结果评价(必要时)。

(9)审核人、授权签字人签字(已通过计量认证/实验室认可的监测项目)等。

(10)计量认证/实验室认可标识(已通过计量认证/实验室认可的监测项目)。

在以多种形式上报的应急监测结果报告中，应以最终上报的正式应急监测报告为准。

对已通过计量认证/实验室认可的监测项目，监测报告应符合计量认证/实验室认可的相关要求；对未通过计量认证/实验室认可的监测项目，可按当地环境保护行政主管部门或任务下达单位的要求进行报送。

2.2.2.3 环境污染程度评价

应对突发环境事件区域的环境污染程度进行评价，可用如下方法进行：

(1)评价突发环境事件对区域的环境污染程度，执行 GB 3838—2002、GB/T 14848—2017、GB 3095—2012、GB 15618—2018 等相应的环境质量标准。

(2)对发生突发环境事件单位所造成的污染程度进行评价，执行相应的污染物排放标准。事故对环境的影响评价，参照(1)执行相应的环境质量标准。

(3)对某种污染物目前尚无评价标准的，可根据当地环境保护行政主管部门、任务下达单位或事故涉及方认可或推荐的方法或标准进行评价。

2.2.2.4 时间要求

突发环境事件应急监测结果应以电话、传真、监测快报等形式立即上报，跟踪监测结果以监测简报形式在监测次日报送，事故处理完毕后，应出具应急监测报告。

2.2.2.5 报送范围

按当地突发性环境污染事件(故)应急预案要求进行报送。一般突发环境事件监测报告上报当地环境保护行政主管部门及任务下达单位；重大和特大突发环境事件除上报当地环境保护行政主管部门及任务下达单位外，还应报上一级环境监测部门。

2.2.3 应急监测报告的质量保证

监测报告信息要完整。监测报告实行三级审核。

参考文献

奚旦立，2019. 环境监测（第5版）[M]. 北京：高等教育出版社.

孙春宝，2007. 环境监测原理与技术[M]. 北京：机械工业出版社.

中国环境监测总站，2013. 环境监测方法标准实用手册——水监测方法[M]. 北京：中国环境出版社.

国家环保总局，2019. 水和废水监测分析方法（第4版）[M]. 北京：中国环境科学出版社.

汪葵，吴奇，2013. 环境监测[M]. 上海：华东理工大学出版社.

王凯雄，2011. 环境监测[M]. 北京：化学工业出版社.

李党生，付翠彦，2017. 环境监测[M]. 北京：化学工业出版社.

李广超，袁兴程，2017. 环境监测（第2版）[M]. 北京：化学工业出版社.

赵育，2019. 环境监测（第2版）[M]. 北京：中国劳动社会保障出版社.

尚建程，邵超峰，2019. 典型化学品突发环境事件应急处理技术手册（上册）[M]. 北京：化学工业出版社.

陈玲，赵建夫，2014. 环境监测（第2版）[M]. 北京：化学工业出版社.

王寅珏，2018. 环境监测与分析[M]. 北京：化学工业出版社.

黄兰粉，2015. 环境监测与分析[M]. 北京：冶金工业出版社.

王森，杨波，2020. 环境监测在线分析技术[M]. 重庆：重庆大学出版社.

张晓辉，2011. 环境监测技术[M]. 北京：化学工业出版社.

姚运先. 2015. 水环境监测[M]. 北京：化学工业出版社.

孙成，鲜启鸣，2020. 环境监测[M]. 北京：科学出版社.

李弘，2014. 环境监测技术（第2版）[M]. 北京：化学工业出版社.

（英）里夫，2009. 国外名校名著——环境监测基础[M]. 张勇，译. 北京：化学工业出版社.

季宏祥，2012. 环境监测技术[M]. 北京：化学工业出版社.

张欣，2014. 环境监测[M]. 北京：化学工业出版社.

姚运先，2010. 环境监测技术（第2版）[M]. 北京：化学工业出版社.

王海芳，2014. 环境监测[M]. 北京：国防工业出版社.

马焕春，2016. 水环境监测与评价[M]. 成都：西南交通大学出版社.

中国环境监测总站，2000. 土壤环境监测前沿分析测试方法研究[M]. 北京：中国环境出版集团.

参考文献

中国环境监测总站,2013. 土壤环境监测技术[M]. 北京:中国环境出版社.

中国标准出版社第二编辑室编,2009. 土壤环境监测技术分析[M]. 北京:中国标准出版社.

土壤环境监测分析方法编委会,2019. 土壤环境监测分析方法[M]. 北京:中国环境出版集团.

王立章,2014. 环境工程实用技术读本——土壤与固体废物监测技术[M]. 北京:化学工业出版社.

刘家宏,2015. 海河流域土壤水监测数据集成及土壤水效用评价(精)/海河[M]. 北京:科学出版社.

肖文,何群华,向运荣,2019. 危险废物鉴别及土壤监测技术[M]. 广州:华南理工大学出版社.

石光辉,2008. 土壤及固体废物监测与评价[M]. 北京:中国环境科学出版社.

中国标准出版社第二编辑室,2007. 环境监测方法标准汇编(土壤环境与固体废物)[M]. 北京:中国标准出版社.

中国标准出版社,2014. 环境监测方法标准汇编——土壤环境与固体废物(第3版)[M]. 北京:中国标准出版社.

张欣,徐洁,2020. 环境分析与监测[M]. 北京:化学工业出版社.

中国环境监测总站,2011. 危险废物鉴别技术手册[M]. 北京:中国环境科学出版社.

易江,梁永,2009. 固定源排放废气连续自动监测[M]. 北京:中国标准出版社.

中国环境监测总站,2015. 我国近岸海域水环境质量与陆源压力及其变化趋势研究[M]. 北京:中国环境科学出版社.

中国环境监测总站,2016. "一二五"期间近岸海域水环境与陆源压力趋势研究[M]. 北京:中国环境出版社.

冯辉,2018. 突发环境污染事件应急处置[M]. 北京:化学工业出版社.

环境保护部环境应急指挥领导小组办公室,2015. 突发环境事件典型案例选编[M]. 北京:中国环境出版社.

朱成全,2011. 突发环境事件典型案例选编(第1辑)[M]. 北京:中国环境科学出版社.

附录 A　土壤样品预处理方法

1　全分解方法
1.1　普通酸分解法
准确称取 0.5 g(准确到 0.1 mg，以下都与此相同)风干土样于聚四氟乙烯坩埚中，用几滴水润湿后，加入 10 mL HCl[ρ(HCl) = 1.19 g/mL]，于电热板上低温加热，蒸发至约剩 5 mL 时加入 15 mL HNO₃[ρ(HNO₃) = 1.42 g/mL]，继续加热蒸至近黏稠状，加入 10 mL HF[ρ(HF) = 1.15 g/mL]并继续加热，为了达到良好的除硅效果应经常摇动坩埚。最后加入 5 mL HClO₄[ρ(HClO₄) = 1.67 g/mL]，并加热至白烟冒尽。对于含有机质较多的土样应在加入 HClO₄ 之后加盖消解，土壤分解物应呈白色或淡黄色(含铁较高的土壤)，倾斜坩埚时呈不流动的黏稠状。用稀酸溶液冲洗内壁及坩埚盖，温热溶解残渣，冷却后，定容至 100 mL 或 50 mL，最终体积依待测成分的含量而定。

1.2　高压密闭分解法
称取 0.5 g 风干土样于内套聚四氟乙烯坩埚中，加入少许水润湿试样，再加入 HNO₃ [ρ(KHNO₃) = 1.42 g/mL]、HClO₄[ρ(HClO₄) = 1.67 g/mL]各 5 mL，摇匀后将坩埚放入不锈钢套筒中，拧紧。放在 180℃的烘箱中分解 2 h。取出，冷却至室温后，取出坩埚，用水冲洗坩埚盖的内壁，加入置于电热板上，在 100~120℃加热除硅，待坩埚内剩下 2~3 mL 溶液时，调高温度至 150℃，蒸至冒浓白烟后再缓缓蒸至近干，按 1.1 同样操作定容后进行测定。

1.3　微波炉加热分解法
微波炉加热分解法是以被分解的土样及酸的混合液作为发热体，从内部进行加热使试样受到分解的方法。目前报道的微波加热分解试样的方法，有常压敞口分解和仅用厚壁聚四氟乙烯容器的密闭式分解法，也有密闭加压分解法。这种方法以聚四氟乙烯密闭容器作内筒，以能透过微波的材料如高强度聚合物树脂或聚丙烯树脂作外筒，在该密封系统内分解试样能达到良好的分解效果。微波加热分解也可分为开放系统和密闭系统两种。开放系统可分解多量试样，且可直接和流动系统相组合实现自动化，但由于要排出酸蒸气，所以分解时使用酸量较大，易受外环境污染，挥发性元素易造成损失，费时间且难以分解多数试样。密闭系统的优点较多，酸蒸气不会逸出，仅用少量酸即可，在分解少量试样时十分有效，不受外部环境的污染。在分解试样时不用观察及特殊操作，由于压力高，所以分解试样很快，不会受外筒金属的污染(因为用树脂做外筒)。可同时分解大批量试样。其缺点是需要专门的分解器具，不能分解量大的试样，如果疏忽会有发生爆炸的危险。在进行土样的微波分解时，无论使用开放系统或密闭系统，一般使用 HNO₃-HCl-HF-HClO₄、

HNO_3-HF-$HClO_4$、HNO_3-HCl-HF-H_2O_2、HNO_3-HF-H_2O_2 等体系。当不使用 HF 时(限于测定常量元素且称样量小于 0.1 g),可将分解试样的溶液适当稀释后直接测定。若使用 HF 或 $HClO_4$ 对待测微量元素有干扰,可将试样分解液蒸至近干,酸化后稀释定容。

1.4 碱融法

1.4.1 碳酸钠熔融法(适合测定氟、钼、钨)

称取 0.5000~1.0000 g 风干土样放入预先用少量碳酸钠或氢氧化钠垫底的高铝坩埚中(以充满坩埚底部为宜,以防止熔融物黏底),分次加入 1.5~3.0 g 碳酸钠,并用圆头玻璃棒小心搅拌,使与土样充分混匀,再放入 0.5~1 g 碳酸钠,使平铺在混合物表面,盖好坩埚盖。移入马弗炉中,于 900~920℃熔融 0.5 h。自然冷却至 500℃左右时,可稍打开炉门(不可开缝过大,否则高铝坩埚骤然冷却会开裂)以加速冷却,冷却至 60~80℃用水冲洗坩埚底部,然后放入 250 mL 烧杯中,加入 100 mL 水,在电热板上加热浸提熔融物,用水及 HCl(1+1) 将坩埚及坩埚盖洗净取出,并小心用 HCl(1+1) 中和、酸化(注意盖好表面皿,以免大量 CO_2 冒泡引起试样的溅失),待大量盐类溶解后,用中速滤纸过滤,用水及 5% HCl 洗净滤纸及其中的不溶物,定容待测。

1.4.2 碳酸锂-硼酸、石墨粉坩埚熔样法(适合铝、硅、钛、钙、镁、钾、钠等元素分析)

土壤矿质全量分析中土壤样品分解常用酸溶剂,酸溶试剂一般用氢氟酸加氧化性酸分解样品,其优点是酸度小,适用于仪器分析测定,但对某些难熔矿物分解不完全,特别对铝、钛的测定结果会偏低,且不能测定硅(已被除去)。

碳酸锂-硼酸在石墨粉坩埚内熔样,再用超声波提取熔块,分析土壤中的常量元素,速度快,准确度高。

在 30 mL 瓷坩埚内充满石墨粉,置于 900℃高温电炉中灼烧 0.5 h,取出冷却,用乳钵棒压一空穴。准确称取经 105℃烘干的土样 0.2000 g 于定量滤纸上,与 1.5 g Li_2CO_3-H_3BO_3(Li_2CO_3:H_3BO_3 = 1:2)混合试剂均匀搅拌,捏成小团,放入瓷坩埚内石墨粉洞穴中,然后将坩埚放入已升温到 950℃的马弗炉中,20 min 后取出,趁热将熔块投入盛有 100 mL 4%硝酸溶液的 250 mL 烧杯中,立即于 250 W 功率清洗槽内超声(或用磁力搅拌),直到熔块完全溶解;将溶液转移到 200 mL 容量瓶中,并用 4%硝酸定容。吸取 20 mL 上述样品液移入 25 mL 容量瓶中,并根据仪器的测量要求决定是否需要添加基体元素及添加浓度,最后用 4%硝酸定容,用光谱仪进行多元素同时测定。

2 酸溶浸法

2.1 HCl-HNO_3 溶浸法

准确称取 2.000 g 风干土样,加入 15 mL 的 HCl(1+1) 和 5 mL HNO_3[ρ(HNO_3)= 1.42 g/mL],振荡 30 min,过滤定容至 100 mL,用 ICP 法测定 P、Ca、Mg、K、Na、Fe、Al、Ti、Cu、Zn、Cd、Ni、Cr、Pb、Co、Mn、Mo、Ba、Sr 等。

或采用下述溶浸方法:准确称取 2.000 g 风干土样于干烧杯中,加少量水润湿,加入 15 mL HCl(1+1) 和 5 mL HNO_3[ρ(HNO_3)= 1.42 g/mL]。盖上表面皿于电热板上加热,待蒸发至约剩 5 mL,冷却,用水冲洗烧杯和表面皿,用中速滤纸过滤并定容至 100 mL,用原子吸收法或 ICP 法测定。

2.2 HNO_3-H_2SO_4-$HClO_4$ 溶浸法

方法特点是 H_2SO_4、$HClO_4$ 沸点较高,能使大部分元素溶出,且加热过程中液面比较平静，没有迸溅的危险。但 Pb 等易与 SO_4^{2-} 形成难溶性盐类的元素，测定结果偏低。操作步骤是：准确称取 2.5000 g 风干土样于烧杯中，用少许水润湿，加入 HNO_3-H_2SO_4-$HClO_4$ 混合酸(5+1+20) 12.5 mL，置于电热板上加热，当开始冒白烟后缓缓加热，并经常摇动烧杯，蒸发至近干。冷却，加入 5 mL HNO_3[$\rho(HNO_3)$= 1.42 g/mL]和 10 mL 水，加热溶解可溶性盐类，用中速滤纸过滤，定容至 100 mL，待测。

2.3 HNO_3 溶浸法

准确称取 2.0000 g 风干土样于烧杯中，加少量水润湿，加入 20 mL HNO_3[$\rho(HNO_3)$= 1.42 g/mL]。盖上表面皿，置于电热板或砂浴上加热，若发生迸溅，可采用每加热 20 min 关闭电源 20 min 的间歇加热法。待蒸发至约剩 5 mL，冷却，用水冲洗烧杯壁和表面皿，经中速滤纸过滤，将滤液定容至 100 mL，待测。

2.4 Cd、Cu、As 等的 0.1 mol/L HCL 溶浸法

土壤中 Cd、Cu、As 的提取方法，其中 Cd、Cu 操作条件是：准确称取 10.0000 g 风干土样于 100 mL 广口瓶中，加入 0.1 mol/L HCl 50.0 mL，在水平振荡器上振荡。振荡条件是温度 30℃、振幅 5～10 cm、振荡频次 100～200 次/min，振荡 1 h。静置后，用倾斜法分离出上层清液，用干滤纸过滤，滤液经过适当稀释后用原子吸收法测定。

As 的操作条件是：准确称取 10.0000 g 风干土样于 100 mL 广口瓶中，加入 0.1 mol/L HCl 50.0 mL，在水平振荡器上振荡。振荡条件是温度 30℃、振幅 10 cm、振荡频次 100 次/min，振荡 30 min。用干滤纸过滤，取滤液进行测定。

除用 0.1 mol/L HCl 溶浸 Cd、Cu、As 以外，还可溶浸 Ni、Zn、Fe、Mn、Co 等重金属元素。0.1 mol/L HCl 溶浸法是目前使用最多的酸溶浸方法，此外也有使用 CO_2 饱和的水、0.5 mol/L KCl-HAc(pH = 3)、0.1 mol/L $MgSO_4$-H_2SO_4 等酸性溶浸方法。

3 形态分析样品的处理方法

3.1 有效态的溶浸法

3.1.1 DTPA 浸提

DTPA(二乙三胺五乙酸)浸提液可测定有效态 Cu、Zn、Fe 等。浸提液的配制：其成分为 0.005 mol/L DTPA-0.01 mol/L $CaCl_2$-0.1 mol/L TEA（三乙醇胺）。称取 1.967 g DTPA 溶于 14.92 g TEA 和少量水中，再将 1.47 g $CaCl_2 \cdot 2H_2O$ 溶于水，一并转入 1000 mL 容量瓶中，加水至约 950 mL，用 6 mol/L HCl 调节 pH 至 7.30（每升浸提液约需加 6 mol/L HCl 8.5 mL），最后用水定容。贮存于塑料瓶中，几个月内不会变质。浸提手续：称取 25.00 g 风干过 20 目筛的土样放入 150 mL 硬质玻璃三角瓶中，加入 50.0 mL DTPA 浸提剂，在 25℃用水平振荡机振荡提取 2 h，干滤纸过滤，滤液用于分析。DTPA 浸提剂适用于石灰性土壤和中性土壤。

3.1.2 0.1 mol/L HCl 浸提

称取 10.00 g 风干过 20 目筛的土样放入 150 mL 硬质玻璃三角瓶中，加入 50.0 mL 1 mol/L HCl 浸提液，用水平振荡器振荡 1.5 h，干滤纸过滤，滤液用于分析。酸性土壤适合用 0.1 mol/L HCl 浸提。

3.1.3 水浸提

土壤中有效硼常用沸水浸提，操作步骤：准确称取 10.00 g 风干过 20 目筛的土样于 250 mL 或 300 mL 石英锥形瓶中，加入 20.0 mL 无硼水。连接回流冷却器后煮沸 5 min，立

即停止加热并用冷却水冷却。冷却后加入 4 滴 0.5 mol/L $CaCl_2$ 溶液，移入离心管中，离心分离出清液备测。

关于有效态金属元素的浸提方法较多，例如，有效态 Mn 用 1 mol/L 乙酸铵-对苯二酚溶液浸提。有效态 Mo 用草酸-草酸铵(24.9 g 草酸铵与 12.6 g 草酸溶解于 1000 mL 水中)溶液浸提，固液比为 1∶10。硅用 pH 4.0 的乙酸-乙酸钠缓冲溶液、0.02 mol/L H_2SO_4、0.025% 或 1% 的柠檬酸溶液浸提。酸性土壤中有效硫用 H_3PO_4-HAc 溶液浸提，中性或石灰性土壤中有效硫用 0.5 mol/L $NaHCO_3$ 溶液(pH 8.5)浸提。用 1 mol/L NH_4Ac 浸提土壤中有效钙、镁、钾、钠以及用 0.03 mol/L NH_4F-0.025 mol/L HCl 或 0.5 mol/L $NaHCO_3$ 浸提土壤中有效态磷等。

3.2 碳酸盐结合态、铁-锰氧化结合态等形态的提取

3.2.1 可交换态

浸提方法是在 1 g 试样中加入 8 mL $MgCl_2$ 溶液(1 mol/L $MgCl_2$，pH 7.0)或者乙酸钠溶液(1 mol/L NaAc，pH 8.2)，室温下振荡 1 h。

3.2.2 碳酸盐结合态

经 3.2.1 处理后的残余物在室温下用 8 mL 1 mol/L NaAc 浸提，在浸提前用乙酸把 pH 调至 5.0，连续振荡，直到估计所有提取的物质全部被浸出为止(一般用 8 h 左右)。

3.2.3 铁锰氧化物结合态

浸提过程是在经 3.2.2 处理后的残余物中，加入 20 mL 0.3 mol/L $Na_2S_2O_3$-0.175 mol/L 柠檬酸钠 0.025 mol/L 柠檬酸混合液，或者用 0.04 mol/L $NH_2OH \cdot HCl$ 在 20%(体积分数)乙酸中浸提。浸提温度为 96 ± 3℃，时间可自行估计，到完全浸提为止，一般在 4 h 以内。

3.2.4 有机结合态

在经 3.2.3 处理后的残余物中，加入 3 mL 0.02 mol/L HNO_3、5 mL 30% H_2O_2，然后用 HNO_3 调节至 pH = 2，将混合物加热至 85 ± 2℃，保温 2 h，并在加热中间振荡几次。再加入 3 mL 30% H_2O_2，用 HNO_3 调至 pH = 2，再将混合物在 85 ± 2℃ 加热 3 h，并间断地振荡。冷却后，加入 5 mL 3.2 mol/L 乙酸铵 20%(体积分数)HNO_3 溶液，稀释至 20 mL，振荡 30 min。

3.2.5 残余态

经 3.2.1~3.2.4 四部分提取之后，残余物中将包括原生及次生的矿物，它们除了主要组成元素之外，也会在其晶格内夹杂、包藏一些痕量元素，在天然条件下，这些元素不会在短期内溶出。残余态主要用 HF-$HClO_4$ 分解，主要处理过程参见土壤全分解方法之普通酸分解法(1.1)。

上述各形态的浸提都在 50 L 聚乙烯离心试管中进行，以减少固态物质的损失。在互相衔接的操作之间，用 10 000 r/min (12 000 g 重力加速度) 离心处理 30 min，用注射器吸出清液，分析痕量元素。残留物用 8 mL 去离子水洗涤，再离心 30 min，弃去洗涤液，洗涤水要尽量少用，以防止损失可溶性物质，特别是有机物的损失。离心效果对分离影响较大，要切实注意。

4 有机污染物的提取方法

4.1 常用有机溶剂

4.1.1 有机溶剂的选择原则

根据相似相溶的原理,尽量选择与待测物极性相近的有机溶剂作为提取剂。提取剂必须与样品能很好地分离,且不影响待测物的纯化与测定;不能与样品发生作用,毒性低、价格便宜;此外,还要求提取剂沸点范围在 45~80℃ 之间为好。

还要考虑溶剂对样品的渗透力,以便将土样中待测物充分提取出来。当单一溶剂不能成为理想的提取剂时,常用两种或两种以上不同极性的溶剂以不同的比例配成混合提取剂。

4.1.2 常用有机溶剂的极性

常用有机溶剂的极性由强到弱的顺序为:(水);乙腈;甲醇;乙酸;乙醇;异丙醇;丙酮;二氧六环;正丁醇;正戊醇;乙酸乙酯;乙醚;硝基甲烷;二氯甲烷;苯;甲苯;二甲苯;四氯化碳;二硫化碳;环己烷;正己烷(石油醚)和正庚烷。

4.1.3 溶剂的纯化

纯化溶剂多用重蒸馏法。纯化后的溶剂是否符合要求,最常用的检查方法是将纯化后的溶剂浓缩 100 倍,再用与待测物检测相同的方法进行检测,无干扰即可。

4.2 有机污染物的提取

4.2.1 振荡提取

准确称取一定量的土样(新鲜土样加 1~2 倍量的无水 Na_2SO_4 或 $MgSO_4 \cdot H_2O$ 搅匀,放置 15~30 min,固化后研成细末),转入标准口三角瓶中加入约 2 倍体积的提取剂振荡 30 min,静置分层或抽滤、离心分出提取液,样品再分别用 1 倍体积提取液提取 2 次,分出提取液,合并,待净化。

4.2.2 超声波提取

准确称取一定量的土样(或取 30.0 g 新鲜土样加 30~60 g 无水 Na_2SO_4 混匀)置于 400 mL 烧杯中,加入 60~100 mL 提取剂,超声振荡 3~5 min,真空过滤或离心分出提取液,固体物再用提取剂提取 2 次,分出提取液合并,待净化。

4.2.3 索氏提取

本法适用于从土壤中提取非挥发及半挥发有机污染物。

准确称取一定量土样或取新鲜土样 20.0 g 加入等量无水 Na_2SO_4 研磨均匀,转入滤纸筒中,再将滤纸筒置于索氏提取器中。在有 1~2 粒干净沸石的 150 mL 圆底烧瓶中加 100 mL 提取剂,连接索氏提取器,加热回流 16~24 h 即可。

4.2.4 浸泡回流法

用于一些与土壤作用不大且不易挥发的有机物的提取。

4.2.5 其他方法

近年来,吹扫蒸馏法(用于提取易挥发性有机物)、超临界提取法(SFE)都发展很快。尤其是 SFE 法由于其快速、高效、安全性(不需任何有机溶剂),因而是具有很好发展前途的提取法。

4.3 提取液的净化

使待测组分与干扰物分离的过程为净化。当用有机溶剂提取样品时,一些干扰杂质可能与待测物一起被提取出,这些杂质若不除掉将会影响检测结果,甚至使定性定量无法进行,严重时还可使气相色谱的柱效减低、检测器玷污,因而提取液必须经过净化处理。净化的原则是尽量完全除去干扰物,而使待测物尽量少损失。常用的净化方法如下。

4.3.1 液-液分配法

液-液分配的基本原理是在一组互不相溶的溶剂中溶解某一溶质成分,该溶质以一定的比例分配(溶解)在溶剂的两相中。通常把溶质在两相溶剂中的分配比称为分配系数。在同一组溶剂对中,不同的物质有不同的分配系数;在不同的溶剂对中,同一物质也有着不同的分配系数。利用物质和溶剂对之间存在的分配关系,选用适当的溶剂通过反复多次分配,便可使不同的物质分离,从而达到净化的目的,这就是液-液分配净化法。采用此法进行净化时一般可得较好的回收率,不过分配的次数须是多次方可完成。

液-液分配过程中若出现乳化现象,可采用如下方法进行破乳:①加入饱和硫酸钠水溶液,以其盐析作用而破乳;②加入硫酸(1+1),加入量从 10 mL 逐步增加,直到消除乳化层,此法只适于对酸稳定的化合物;③离心机离心分离。

液-液分配中常用的溶剂对有:乙腈-正己烷;N,N-二甲基甲酰胺(DMF)—正己烷;二甲亚砜-正己烷等。通常情况下正己烷可用廉价的石油醚(60~90℃)代替。

4.3.2 化学处理法

用化学处理法净化能有效地去除脂肪、色素等杂质。常用的化学处理法有酸处理法和碱处理法。

4.3.2.1 酸处理法

用浓硫酸或硫酸(1+1):发烟硫酸直接与提取液(酸与提取液体积比 1:10)在分液漏斗中振荡进行磺化,以除掉脂肪、色素等杂质。其净化原理是脂肪、色素中含有碳-碳双键,如脂肪中不饱和脂肪酸和叶绿素中含一双键的叶绿醇等,这些双键与浓硫酸作用时产生加成反应,所得的磺化产物溶于硫酸,这样便使杂质与待测物分离。

这种方法常用于强酸条件下稳定的有机物如有机氯农药的净化,而对于易分解的有机磷、氨基甲酸酯农药则不可使用。

4.3.2.2 碱处理法

一些耐碱的有机物如农药艾氏剂、狄氏剂、异狄氏剂可采用氢氧化钾-助滤剂柱代替皂化法。提取液经浓缩后通过柱净化,用石油醚洗脱,有很好的回收率。

4.3.3 吸附柱层析法

主要有氧化铝柱、弗罗里硅土柱、活性炭柱等。

附录 B 固定源部分废气污染物监测分析方法

固定源排气中部分污染物监测分析方法见表 B.1 所列。

表 B.1 固定源部分废气污染物监测分析方法

序号	监测项目	方法标准名称	方法标准编号
1	二氧化硫	固定污染源排气中二氧化硫的测定 碘量法	HJ/T 56—2000
		固定污染源排气中二氧化硫的测定 定电位电解法	HJ/T 57—2017
2	氮氧化物	固定污染源排气中氮氧化物的测定 紫外分光光度法	HJ/T 42—1999
		固定污染源排气中氮氧化物的测定 盐酸萘乙二胺分光光度法	HJ/T 43—1999
3	氯化氢	固定污染源排气中氯化氢的测定 硫氰酸汞分光光度法	HJ/T 27—1999
4	硫酸雾	硫酸浓缩尾气硫酸雾的测定 铬酸钡比色法	GB/T 4920—1985
5	氟化物	固定污染源排气氟化物的测定 离子选择电极法	HJ/T 67—2001
6	氯气	固定污染源排气中氯气的测定 甲基橙分光光度法	HJ/T 30—1999
7	氰化氢	固定污染源排气中氰化氢的测定 异烟酸-吡唑啉酮分光光度法	HJ/T 28—1999
8	光气	固定污染源排气中光气的测定 苯胺紫外分光光度法	HJ/T 31—1999
9	沥青烟	固定污染源排气中沥青烟的测定 重量法	HJ/T 45—1999
10	一氧化碳	固定污染源排气中一氧化碳的测定 非色散红外吸收法	HJ/T 44—1999
		固定污染源排气中颗粒物测定与气态污染物采样方法(奥氏气体分析仪法)	GB/T 16157—1996
11	颗粒物	重量法	见本项目颗粒物的测定
		固定污染源排气中颗粒物测定与气态污染物采样方法	GB/T 16157—1996
		固定污染源排放低浓度颗粒物(烟尘)质量浓度的测定 手工重量法	ISO 12141
12	石棉尘	固定污染源排气中石棉尘的测定 镜检法	HJ/T 41—1999
13	饮食业油烟	饮食业油烟排放标准(试行)附录 A	GB/T 18483—2001

附录 B　固定源部分废气污染物监测分析方法

（续）

序号	监测项目	方法标准名称	方法标准编号
14	镉及其化合物	大气固定污染源镉的测定　火焰原子吸收分光光度法	HJ/T 64.1—2001
		大气固定污染源　镉的测定　石墨炉原子吸收分光光度法	HJ/T 64.2—2001
		大气固定污染源　镉的测定　对-偶氮苯重氮氨基偶氮苯磺酸分光光度法	HJ/T 64.3—2001
15	镍及其化合物	大气固定污染源　镍的测定　火焰原子吸收分光光度法	HJ/T 63.1—2001
		大气固定污染源　镍的测定　石墨炉原子吸收分光光度法	HJ/T 63.2—2001
		大气固定污染源　镍的测定　丁二酮肟-正丁醇萃取分光光度法	HJ/T 63.3—2001
16	锡及其化合物	大气固定污染源　锡的测定　石墨炉原子吸收分光光度法	HJ/T 65—2001
17	铬酸雾	固定污染源排气中铬酸雾的测定　二苯基碳酰二肼分光光度法	HJ/T 29—1999
18	氯乙烯	固定污染源排气中氯乙烯的测定　气相色谱法	HJ/T 34—1999
19	非甲烷总烃	固定污染源排气中非甲烷总烃的测定　气相色谱法	HJ/T 38—1999
20	甲醇	固定污染源排气中甲醇的测定　气相色谱法	HJ/T 33—1999
21	氯苯类	固定污染源排气中氯苯类的测定　气相色谱法	HJ/T 39—1999
		大气固定污染源氯苯类化合物的测定　气相色谱法	HJ/T 66—2001
22	酚类	固定污染源排气中酚类化合物的测定　4-氨基安替比林分光光度法	HJ/T 32—1999
23	苯胺类	大气固定污染源苯胺类的测定　气相色谱法	HJ/T 68—2001
24	乙醛	固定污染源排气中乙醛的测定　气相色谱法	HJ/T 35—1999
25	丙烯醛	固定污染源排气中丙烯醛的测定　气相色谱法	HJ/T 36—1999
26	丙烯腈	固定污染源排气中丙烯腈的测定　气相色谱法	HJ/T 37—1999
27	苯并[a]芘	固定污染源排气中苯并[a]芘的测定　高效液相色谱法	HJ/T 40—1999
28	二噁英类	多氯代二苯并二噁英和多氯代二苯并呋喃的测定　同位素稀释高分辨毛细管气相色谱/高分辨质谱法	HJ/T 77—2001
29	烟气黑度	固定污染源排放　烟气黑度的测定　林格曼烟气黑度图法	HJ/T 398—2007

附录 C 水文气象项目观测方法

水文气象各项目的观测方法见表 C.1 所列。

表 C.1 水文气象项目观测方法

观测项目	推荐的分析方法	最多有效位数	小数点后最多位数	检出限(量)	采用标准
水温	表层水温表法	3	1	0.1℃	GB 17378.4—2007
水色(臭和味)	比色法 感官法	— —	— —	— —	GB/T 12763.2—2007 GB 17378.4—2007
水深	测深仪法或测深绳法	3	1	0.1 m	GB/T 12763.2—2007
透明度	目视法	2	1	0.1 m	GB 17378.4
海况	目视法	—	—	—	GB/T 12763.2—2007
风速	风速风向仪测定法	3	1	0.1 m/s	GB/T 12763.3—2007
风向	风速风向仪测定法	3	0	1°	GB/T 12763.3—2007
气温	干湿球温度计测定法	3	1	0.1℃	GB/T 12763.2—2007
气压	空盒气压表测定法	5	1	0.1 hPa	GB/T 12763.3—2007
天气现象	目视法	—	—	—	GB/T 12763.3—2007

附录 D 水质监测项目分析方法

近岸海域水质各监测项目的监测分析方法见表 D.1 所列。

表 D.1 水质监测项目分析方法

监测项目	推荐的分析方法	最多有效位数	小数点后最多位数	检出限(量)	采用标准
pH	pH 计法	3	2	0.02(pH)	GB 17378.4—2007
粪大肠菌群	多管发酵法	3	0	20 个/L	GB 17378.7—2007
溶解氧	碘量滴定法 便携式溶解氧仪法	3	2	0.32 mg/L	GB 12763.4—2007 GB/T 11913—1989
盐度	盐度计法	3	1	2	GB 17378.4—2007
氯度(Cl⁻)	银量滴定法	4	2	0.28 mg/L	GB 17378.4—2007
浑浊度	浊度计法 分光光度法	3 3	0 0	1 度 1 度	GB 17378.4—2007
漂浮物质	目测法	—	—	—	—
悬浮物	重量法	3	1	0.8 mg/L	GB 17378.4—2007
化学需氧量	碱性高锰酸钾法	3	2	0.15 mg/L	GB 17378.4—2007
生化需氧量	五日培养法 两日培养法	3 3	2 2	1.0 mg/L 1.0 mg/L	GB 17378.4—2007
活性磷酸盐	磷钼蓝分光光度法 流动注射比色法	3 3	3 3	0.001 mg/L	GB 17378.4—2007 GB 12763.4—2007

(续)

监测项目	推荐的分析方法	最多有效位数	小数点后最多位数	检出限(量)	采用标准
无机氮	亚硝酸盐氮： 盐酸萘乙二胺分光光度法 流动注射比色法	3 3	3 3	0.001 mg/L	GB 17378.4 —2007
	硝酸盐氮： 镉柱还原法 流动注射比色法	3 3	3 3	0.003 mg/L	GB 17378.4 —2007
	氨氮： 靛酚蓝分光光度法 流动注射比色法	3 3	3 3	0.005 mg/L	GB 17378.4 —2007
非离子氨 (以氮计)	按 GB 3097-1997 附录 B 方法计算	3	3	0.001 mg/L	—
活性硅酸盐	硅钼蓝法 流动注射比色法	3 3	3 3	0.050 mg/L	GB 17378.4 —2007
氰化物	异烟酸吡唑啉酮分光光度法	3	3	0.004 mg/L	GB 17378.4 —2007
挥发性酚	4-氨基安替比林分光光度法	3	3	0.001 mg/L	GB 17378.4 —2007
硫化物	亚甲基蓝分光光度法 离子选择电极法	3 3	3 3	0.002 mg/L 0.003 mg/L	GB 17378.4 —2007
阴离子表面活性剂	亚甲基蓝分光光度法	3	3	0.010 mg/L	GB 17378.4 —2007
石油类	环己烷萃取荧光分光光度法 紫外分光光度法	3 3	3 3	6.5×10^{-3} mg/L 0.050 mg/L	GB 17378.4 —2007
汞	冷原子荧光法 冷原子吸收法	3 3	3 3	0.002 μg/L 0.010 μg/L	GB 17378.4 —2007
铜	无火焰原子吸收分光光度法 火焰原子吸收分光光度法	3 3	3 3	0.20 μg/L 5.8 μg/L	GB 17378.4 —2007
铅	无火焰原子吸收分光光度法 火焰原子吸收分光光度法	3 3	3 2	0.30 μg/L 18 μg/L	GB 17378.4 —2007
镉	无火焰原子吸收分光光度法	3	3	0.010 μg/L	GB 17378.4 —2007

附录 D 水质监测项目分析方法

（续）

监测项目	推荐的分析方法	最多有效位数	小数点后最多位数	检出限(量)	采用标准
锌	火焰原子吸收分光光度法	3	2	3.1 μg/L	GB 17378.4
六价铬	二苯碳酰二肼分光光度法	3	3	0.004 mg/L	GB 7467—1987
总铬	无火焰原子吸收分光光度法 二苯碳酰二肼分光光度法	3 3	3 3	0.40 μg/L 4 μg/L	GB 17378.4—2007
铁	火焰原子吸收分光光度法	3	2	30 μg/L	GB 11911—1989
锰	火焰原子吸收分光光度法	3	2	10 μg/L	GB 11911—1989
镍	无火焰原子吸收分光光度法	3	3	0.5 μg/L	GB 11912—1989
砷	原子荧光法 砷化氢-硝酸银分光光度法	3 3	3 3	0.5 μg/L 0.4 μg/L	GB 17378.4—2007
硒	原子荧光法 荧光分光光度法	3 3	3 3	0.2 μg/L 0.4 μg/L	GB 17378.4—2007
甲基对硫磷	气相色谱法	3	3	0.42 μg/L	GB 13192—1991
马拉硫磷	气相色谱法	3	3	0.64 μg/L	GB 13192—1991
六六六	气相色谱法	3	3	1.1×10^{-3} μg/L	GB 17378.4—2007
滴滴涕	气相色谱法	3	3	3.8×10^{-3} μg/L	GB 17378.4—2007
多氯联苯	气相色谱法	3	3	5.9×10^{-3} μg/L	GB 17378.4—2007
狄氏剂	气相色谱法	3	3	0.26 pg/L	GB 17378.4—2007
总有机碳	总有机碳仪器法 非分散红外吸收法	3 3	1 1	0.03 mg/L 0.1 mg/L	GB 17378.4—2007 HJ 501—2009

（续）

监测项目	推荐的分析方法	最多有效位数	小数点后最多位数	检出限(量)	采用标准
苯并[α]芘	乙酰化滤纸层析-荧光分光光度法 液相色谱法	3 3	3 3	2.5×10^{-3} μg/L	GB 11895—1989 HJ 478—2009
总氮	过硫酸钾氧化-紫外分光光度法	3	3	0.05 mg/L	HJ 636—2012
总磷	钼酸铵分光光度法	3	3	0.01 mg/L	GB 11893—1989

附录 E 沉积物质量监测项目分析方法

近岸海域沉积物质量监测各项目的分析方法见表 E.1 所列。

表 E.1 沉积物质量监测项目分析方法

监测项目	推荐的分析方法	最多有效位数	小数点后最多位数	检出限(量)	采用标准
含水率	重量法	3	2	—	GB 17378.5—2007
色(臭、味)					
废弃物及其他					
大肠菌群					GB 4789.3—2016
粪大肠菌群					GB 17378.7—2007
沉积物类型及粒度	沉积物粒度	—	—	—	GB/T 12763.3—2007
汞	冷原子荧光法	3	3	0.004×10^{-6}	GB 17378.5—2007
汞	原子荧光法	3	3		GB 17378.5—2007
汞	冷原子吸收法	3	3	0.010×10^{-6}	GB 17378.5—2007
铜	无火焰原子吸收分光光度法	3	2	0.50×10^{-6}	GB 17378.5—2007
铜	火焰原子吸收分光光度法	3	2	2.0×10^{-6}	GB 17378.5—2007
镉	无火焰原子吸收分光光度法	3	3	0.04×10^{-6}	GB 17378.5—2007
镉	火焰原子吸收分光光度法	3	3	0.05×10^{-6}	GB 17378.5—2007
铅	无火焰原子吸收分光光度法	3	2	1.0×10^{-6}	GB 17378.5—2007
铅	火焰原子吸收分光光度法	3	2	3.0×10^{-6}	GB 17378.5—2007
锌	火焰原子吸收分光光度法	3	2	6.0×10^{-6}	GB 17378.5—2007

（续）

监测项目	推荐的分析方法	最多有效位数	小数点后最多位数	检出限(量)	采用标准
铬	无火焰原子吸收分光光度法	3	2	2.0×10^{-6}	GB 17378.5—2007
	二苯碳酰二肼分光光度法	3	2	2.0×10^{-6}	
砷	氢化物—原子吸收法	3	2	3.0×10^{-6}	GB 17378.5—2007
	原子荧光法	3	2	0.10×10^{-6}	
石油类	荧光分光光度法	3	2	2.0×10^{-6}	GB 17378.5—2007
	紫外分光光度法	3	2	3.0×10^{-6}	
	重量法	3	2	20×10^{-6}	
硫化物	亚甲基蓝分光光度法	3	2	0.3×10^{-6}	GB 17378.5—2007
	离子选择电极法	3	2	0.2×10^{-6}	
六六六	碘量法	3	2	4.0×10^{-6}	GB 17378.5—2007
	气相色谱法	3	3	15 pg	
滴滴涕	气相色谱法	3	3	39 pg	GB 17378.5—2007
多氯联苯	气相色谱法	3	3	59 pg	GB 17378.5—2007
有机碳	重铬酸钾氧化还原容量法	3	2	0.03×10^{-2}	GB 17378.5—2007
氧化还原电位	电位计法	4	1	—	GB 17378.5—2007
总氮	凯氏滴定法	3	3	—	GB 17378.5—2007
总磷	分光光度法	3	3	—	GB 17378.5—2007

附录 F 生物体污染物残留量监测项目分析方法

近岸海域生物体污染物残留量监测各项目的分析方法见表 F.1 所列。

表 F.1 生物体污染物残留量监测项目分析方法

监测项目	推荐的分析方法	最多有效位数	小数点后最多位数	检出限(量)	采用标准
石油烃	荧光分光光度法	3	3	1.0×10^{-6}	GB 17378.6—2007
总汞	冷原子吸收法	3	3	0.01×10^{-6}	GB 17378.6—2007
	原子荧光法	3	3	0.004×10^{-6}	
铜	无火焰原子吸收分光光度法	3	3	0.4×10^{-6}	GB 17378.6—2007
	火焰原子吸收分光光度法	3	3	2.0×10^{-6}	
镉	无火焰原子吸收分光光度法	3	3	0.005×10^{-6}	GB 17378.6—2007
铅	无火焰原子吸收分光光度法	3	3	0.04×10^{-6}	GB 17378.6—2007
铬	无火焰原子吸收分光光度法	3	3	0.04×10^{-6}	GB 17378.6—2007
	二苯碳酰二肼分光光度法	3	3	0.40×10^{-6}	
锌	火焰原子吸收分光光度法	3	3	0.40×10^{-6}	GB 17378.6—2007
砷	氢化物-原子吸收法	3	3	0.40×10^{-6}	GB 17378.6—2007
	原子荧光法	3	3	0.01×10^{-6}	
六六六	气相色谱法	3	3	15 pg	GB 17378.6—2007
滴滴涕	气相色谱法	3	3	39 pg	GB 17378.6—2007
多氯联苯	气相色谱法	3	3	59 pg	GB 17378.6—2007

附录 G 海洋生物分析方法

近岸海域海洋生物分析方法见表 G.1 所列。

表 G.1 近岸海域海洋生物分析方法

分析项目	分析方法	引用标准
叶绿素 a	分光光度法 荧光光度法	GB 17378.7—2007
浮游植物定性	镜检法	GB 17378.7—2007
浮游植物定量	浓缩计数法 沉降计数法	GB 17378.7—2007
浮游动物定性	镜检法	GB 17378.7—2007
浮游动物定量	分种计数，称重	GB 17378.7—2007
底栖生物定性	镜检、目检法	GB 17378.7—2007
底栖生物定量	分类称重	GB 17378.7—2007
潮间带生物定性	镜检、目检法	GB 17378.7—2007
潮间带生物定量	分类称重	GB 17378.7—2007
麻痹性贝毒	小白鼠试验	GB 17378.7—2007
生物毒性试验		GB 17378.7—2007
鱼类回避反应试验		GB 17378.7—2007
滤食率测定		GB 17378.7—2007